以用户为中心的产品设计方法

USER-CENTRED PRODUCT DESIGN METHOD

Marcelo Marcio Soares
马塞洛·马尔西奥·索尔斯 著
谢媚 译

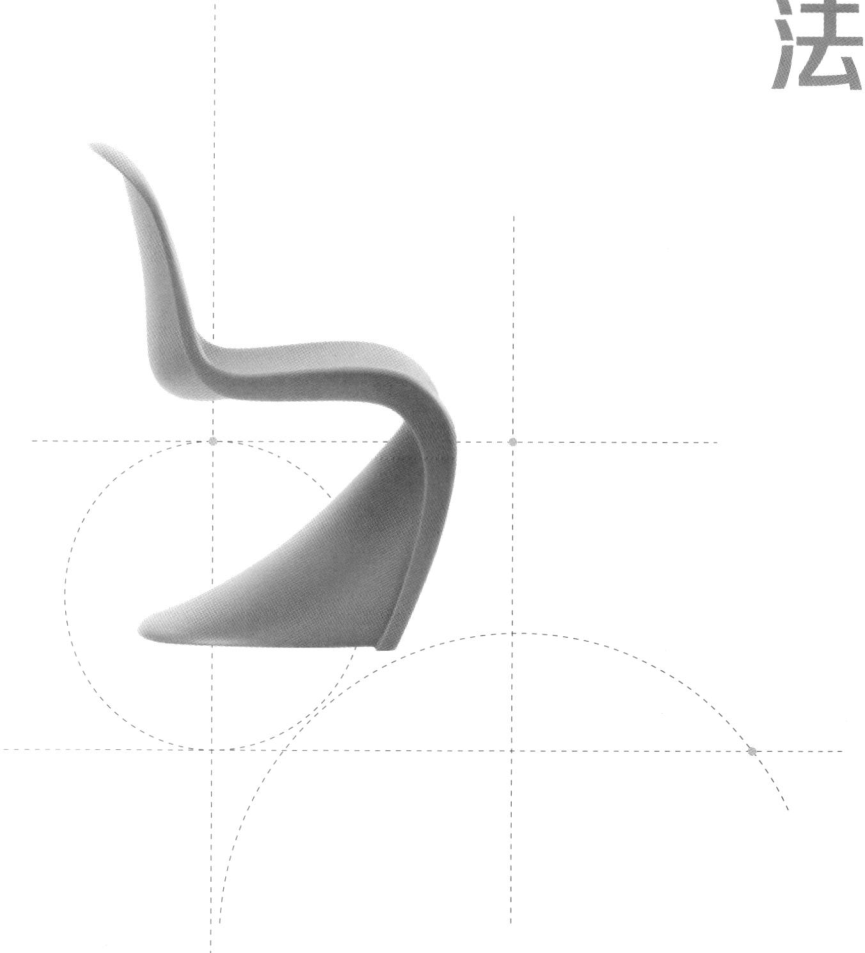

湖南大学出版社·长沙

内容简介

本书首先对人机工程学和产品设计方面的文献进行了梳理和总结，然后对消费者需求、产品要求、消费者满意度以及如何为身体健全和能力缺失的用户提供产品等问题进行了讨论，最终在文献综述和调查研究的基础上提出了一种以用户为中心的产品设计方法。

图书在版编目（CIP）数据

以用户为中心的产品设计方法/（巴西）马塞洛·马尔西奥·索尔斯著；谢媚译. —长沙：湖南大学出版社，2020.12

ISBN 978-7-5667-1818-1

Ⅰ.①以… Ⅱ.①马… ②谢… Ⅲ.①工效学 Ⅳ.①TB18

中国版本图书馆CIP数据核字（2020）第089890号

以用户为中心的产品设计方法

YI YONGHU WEI ZHONGXIN DE CHANPIN SHEJI FANGFA

著　　者： 马塞洛·马尔西奥·索尔斯

译　　者： 谢　媚

责任编辑： 汪斯为　胡建华

印　　装： 湖南雅嘉彩色印刷有限公司

开　　本： 889 mm×1194 mm　1/20　**印　张：** 7　**插　页：** 1　**字　数：** 146 千

版　　次： 2020年12月第1版　**印　次：** 2020年12月第1次印刷

书　　号： ISBN 978-7-5667-1818-1

定　　价： 42.00元

出 版 人： 李文邦

出版发行： 湖南大学出版社

社　　址： 湖南·长沙·岳麓山　**邮　编：** 410082

电　　话： 0731-88822559（营销部）　88821174（编辑部）　88821006（出版部）

传　　真： 0731-88822264（总编室）

网　　址： http://www.hnupress.com

序言

设计的挑战是为产品用户提供他们真正想要的东西。因此，设计的关键在于产品的特性能够满足客户的需求。客户是最应该表达自己需求的人。

Soares（2012）认为，应用于产品和系统的以人为中心的设计目标是提高用户满意度和使用效率，提高舒适度，确保正常使用以及可预见的产品或系统误用的安全。实现这些设计目标是一项重大挑战。使用适当的设计方法有助于提高产品和工作场所的关键特性，例如使用的方便性、学习的功能、利用的效率、舒适性、安全性和适用性，从而满足用户的需求并提高用户的满意度。

Rebelo 等人（2012）指出，在开发产品时，用户体验必须是以用户为中心的设计方法的一部分。在这种背景下，人机工程学建立了一个新的设计目标，即为用户提供良好的使用体验，这些体验在积极的情感中得以体现。同时，这也是设计的目标之一。因此，人机工程学和设计两个学科是相互协调的，从而提升用户对产品和环境的愉悦感。

我们很高兴推介《以用户为中心的产品设计方法》这本书。“客户的声音”可以转化为设计人员和制造商认可的产品需求。 本书基于我的博士学位论文，题为《将用户需求转化为残疾人产品设计：轮椅研究》（Soares，1999），有所完善及更新。本书虽然是选择轮椅作为研究产品，但所介绍的方法可用于任何消费品。

本书回顾了人机工程学和产品设计方面的相关文献，讨论了包括消费者需求、产品要求和消费者满意度在内的一系列问题。

本书基于文献综述的结果及我在读博士学位期间进行的调查，介绍了以用户为中心的人机工程学设计方法。

本书面向设计领域的本科生和研究生，以及不同企业的产品设计师。

我对湖南大学设计艺术学院的无条件支持深表谢意。感谢亲切热情、一直支持我的何人可教授，感谢帮助我努力克服文化差异的同事们，感谢在日常生活中一直帮助我以及完成本书英译汉翻译和校对工作的同事谢媚（Ella）。

感谢你们每一个人。

马塞洛·马尔西奥·索尔斯

教授 博士

2019 年 11 月 长沙

导读

以下简短的虚拟故事强调了产品及其使用过程中存在的某些问题，这些在本书的其余章节有详细介绍。

谢太太 60 多岁，被认为是标准的现代女性。她患有中度残疾，从小就开始使用轮椅。她平时会照顾丈夫，并与丈夫共同抚养年幼的孙子。谢太太住在一间非常舒适的公寓里，但是她对轮椅，以及其他周围的物体和环境有诸多抱怨。

她说："通常，我大约在早上六点半起床。我用一台新式微波炉煮早餐，这是丈夫几周前送给我的礼物。本来我可以用微波炉做想做的任何食物，但是使用起来太复杂了。而我的丈夫（是医生）说他是不会靠近微波炉的。幸好，我已经记住了一些常用设置。当我做完家务活，如洗衣服，有时做些园艺工作，之后我就去散步、购物或拜访亲朋好友。我坐着轮椅，很难让我的孙子坐在车的后座，也很难帮他系好安全带。而且，我自己也无法从轮椅挪到驾驶座上，轮椅又大又重，移动十分不便。

"我雇了个小时工，每周工作 15 个小时，帮我购物和做家务。但我认为，如果我自己能够使用合适的设备和产品，就不用花这个费用了。可惜，我生活的周边环境不好。我所在的社区道路不平坦，几乎没有单独的人行道。我以前生活的地方，去商店、休闲中心或其他公共场所都有单独的人行道。我的两本生活手册和电动轮椅无法使我克服这些问题。因此现在我常需要别人的帮助。

"我的轮椅不能调节高度。比如，当我购物、做家务或陪我蹒跚学步的孙子玩时，我很难看到存在于不同的水平高度的事物。我无法将电动轮椅放进车里，因为它非常笨重。同时，购物时我从手动轮椅上抱孙子也很困难，因为我必须用双手按住轮椅。我丈夫抱怨推轮椅时背部疼痛，他个子很高，由于轮椅的推手高度不能调节，推轮椅时他不得不向前弯腰。

"我对我的轮椅相当不满意。我想要一把时尚的轮椅，因为椅子代表了使用者的个性，它应该是设计精美、颜色鲜艳的。当人们看到我时，他们会想：'这位女士很独立，她如果需要帮助就会提出来的。'而我的椅子是灰色、丑陋、笨拙的。我发现人们总是对我说：'您需要帮助吗？'这很令人沮丧，如果我需要帮助，我会寻求帮助。我需要一把结实的轮椅，它轻巧，易于操纵，并且能够应付电梯、走廊等地方，还可以放进汽车后备箱。而我现在的轮椅并不具备这些功能。"

这个虚构的故事很符合现实情况，并且与许多（即使不是大多数）残疾人的经历相符。不幸的是，这也与健全人使用普通消费产品的经历是一样的。无论产品是为残疾人还是健全人设计的，还是两者兼而有之，它们都应该具有安全性、功能性和愉悦性。而现实情况并不是这样的。

想想我们日常生活中使用的产品，不难发现，有些并不能满足我们的需求，例如我们在进行微波炉或智能手机的设置、新型复杂电视机的遥控器的使用、自助复印机的调整时经常会出错。另外，不好的设计还会导致家庭日常产品使用事故。根据《家庭和社区概览》（受伤案例，2019 年）的数据，在过去 10 年中，美国在家庭和社区死亡的人数增加了 60%，每 10 万人的死亡率在 10 年间增加了 49%，造成的损失为 4726 亿美元。据估计，在此期间，将近 3800 万人寻求受伤治疗。

如今，大量的消费产品极其复杂，很难操作，通常用户无法很好地接受它们。尽管从市场策略的角度来看，先进科技是一大卖点，但它可能给用户带来严重的挫败感。这些产品缺乏用户真正需要的功能。客户不再对仅满足技术标准的产品感到满意，他们希望可以安全、高效、舒适和愉悦地使用产品。

众所周知，设计师通常在设计产品时会假定消费者的期望以及他们会怎样使用产品。设计师通常认为适合自己的产品也同样适合其他人。因此，这种推定通常认定使用对象是健康的成年人，他们有良好的认知、情感和身体状况。

使用上述设计方法（市场销售的产品质量表明大多数产品是以这样的方式被设计）的设计师很可能会失败两次。首先，他们能够熟练使用自己设计的产品，而忽略了代表性消费者的需求、能力和要求。其次，他们忘记了，除了消费者群体（就身心能力而言）的多样性之外，还有相当一部分人的身心能力低于（有时远低于）正常人。在产品设计中，设计师没有最大范围考虑用户要求而责怪用户能力有限，以致故障、误操作或导致事故。实际上，如果现有消费产品（几乎专门为身心健全人群而设计的）都会引起大量家庭事故，那么当身体残疾或智力低的人使用这些产品时会发生什么呢?

产品的设计可以满足更多用户的需求，而且不会降低产品的价值。实际上，无论使用者年龄、性别或身体能力如何，适合大多数人使用的产品设计都是能解决人的尊严问题的产品设计。在一个真正具有人文维度的社会中，人机界面必须确保不会损害用户的健康，但也应以正确的城市规划消除结构性障碍的方式尊重多样性（Dahlin 等人，1994）并提供包容性产品和服务（技术多元化与包容性，2018）。

尽管残疾用户的感知或运动能力较一般人更低，认知能力有限或情感觉知更困难，但他们的需求通常与身体健全的人相似。因此，除了与自身残疾相关的需求外，残疾用户还具有和一般用户相同的需求，比如价值和地位方面的需求，这些需求应反映在他们使用的产品中。如果产品不能完全满足其使用要求，就会出现使用不满意的情况（例如，本章开头虚构故事中的谢太太的新式微波炉）。这些要求适用于两种产品：适用于所有人的通用产品，以及专门用于满足残疾人需求的产品。

独立取决于选择。选择的自由是人类极宝贵也是极脆弱的素质之一，它对独立感受至关重要。人们的生活质量与可选择的产品数量和类型直接相关。当然，这主要取决于经济和社会状况。当人们，特别是残疾人，面对恶劣的居住环境以及他们家中选择有限的产品时，就会感到沮丧，从而降低了其愉悦感、独立性和生活质量。

残疾人在使用那些为大多数人设计的消费产品时会遇到困难。如前所述，健全的用户使用这些产品时，都无法实现产品预期的功能，更何况那些身体或智力能力有限的人。为了克服这些问题，这些残疾人使用的产品需要进行调整，才能够满足他们的需求。因此，残疾人日常使用的产品有以下两种设计方法：a）调整现有产品和开发特殊辅助工具；b）考虑残疾人能力的局限性。

后面详细地讨论了专门为残疾人设计的产品，这些产品通常是从医学角度出发的。这种有专属人群的产品设计都没有考虑到人们的期望、独特性、价值、地位和生活方式等多个方面，而通常，设计师在为身心健康人群设计时考虑到了这些方面。这其中许多产品会给用户带来耻辱感，并常常增加了用户的残疾感和依赖性。鉴于此，许多为残疾人设计的产品即使具有临床价值，也可能会被用户拒绝。在开发新产品时，关注客户的需求是设计的前提。因此，客户需求与产品特征相匹配是产品开发过程中的最初也是最重要的阶段。客户的角色远不止简单咨询，还是在设计和开发过程中的合作伙伴（Swallow，2018；Gardiner 和 Rothwell，1985）。从这一点出发能发现一个基本问题：在产品开发的多个阶段，如何将客户需求转化为规格，尤其是人机工程学规格?

毫无疑问，客户是说出自己需求的最佳人选。但是，设计师似乎并没有听从残疾消费者的心声，而销售商也没有听到。如果没有听到“残疾消费者的心声”的假设成立，就有必要进行以下研究：a）从人机工程学的角度来看用户需求与产品要求之间的关系；b）当前设计师设计产品使用的方法；c）用户对他们使用的产品的看法以及他们对设计的要求。

人机工程学和人因研究所（2019）指出：“以用户为中心的设计既是设计理念，也是设计过程。作为一种设计理念，它把用户的需求、希望和限制作为首要关注点；而作为设计过程，它为设计师提供了一系列方法和技术，以确保在设计的各个阶段都能持续保持这种关注。”我们将在本书中介绍这种方法。

在这本书中，我们将研究特定产品——轮椅。之所以选择轮椅，因为第一，它是 1.22 亿人需要的产品；第二，它有望改善用户的生活质量；第三，它具有强烈的社会需求；第四，已有的设计似乎不能完全满足消费者的要求。

轮椅已经非常频繁地被设计成用于少量制造的造型，由弯曲的焊接的管状钢制成，因此制造成本高。当前的设计实践也很少运用现代高容量制造技术，以用户为中心的设计和轮椅销售使用的手段有关。

轮椅的市场销售量非常大。研究与市场网站（2018）指出，到 2022 年，全球轮椅市场销售额预计达到 61 亿美元。从 2017 年至 2022 年，预计其年复合增长率为 5.9%。如此大规模的市场足以证明在轮椅的生产、销售中使用大规模制造技术和营销策略的重要性。

可以肯定的是，为残疾人设计、制造和提供轮椅始终是一种折中方案。轮椅既要舒适安全，又要轻便机动。大多数轮椅使用者不仅依靠轮椅出行，还依赖亲戚、朋友或护工推动轮椅或帮助他们使用轮椅。因此，考虑轮椅使用者以及护理者的需求同样重要。轮椅设计者似乎没有了解这种复杂的情况，导致目前市场上许多轮椅出现明显的设计不佳的问题。Cooper 等人（1997）的研究表明，绝大多数的轮椅设计都是脱离用户设计的，而不是设身处地为用户着想。

前文曾提及，身体健全和残障人群的产品在设计和使用上会出现不匹配的情况。当前，可用性对于保证产品质量至关重要。人机工程学在保证可用性方面具有重要作用，因此，对于一般消费产品，尤其是残疾人产品而言，它的作用更大。它在设计中需要解决许多问题，例如：

- 什么是产品质量？
- 什么可以被认为是符合人机工程学设计的产品？
- 人机工程学和产品设计在产品开发中的作用是什么？
- 产品设计过程是怎样的？
- 用户在产品设计过程中扮演什么角色？
- 人机工程学在产品设计过程中的作用是什么？
- 我们如何改善产品的人机工程学规格和其他规格？
- 安全和标准的作用是什么？

本书认为满足用户的需求是确保产品质量和满足消费者的关键（第 1 章简单论述了质量问题）。一些需要解答的问题如下：

- 如何定义消费者需求和用户要求？
- 残疾人的需求与一般人群的需求有何不同？
- 在消费产品和独立生活产品的设计中如何满足残疾人的需求？
- 为残疾人设计产品的要求是什么？
- 什么是消费者的满意度？
- 如何将消费者的满意度关联普通人的产品设计，以及残疾人群的产品设计？

并且，还有必要对残疾人的产品设计进行更深入的研究，得出以下问题的答案：

- 是什么决定包括残疾人需求的产品设计？
- 是否可以设计健全人群和残疾人群都可使用的产品和设备？
- 残疾人产品的特点是什么？

在工业设计、工程和制造中有几种方法可用来保证消费产品的竞争力和可接受性。我们可以根据用户需求来研究当前产品设计和制造的方法，以回答以下问题：

- 产品质量如何影响制造过程？
- 消费者满意度在产品开发中的作用是什么？
- 在设计和制造中可以使用哪些方法？

鉴于目前基于用户需求的产品的设计和制造是有一些方法的，调查在轮椅设计领域中是否有效地使用了这些方法很有必要。这开辟了一条研究轮椅设计、制造和使用的设计方法过程的新道路。

本书要解决的主要问题之一是轮椅使用者、护理者和制造者是否参与了轮椅的设计过程。该问题的答案将揭示在整个设计过程中设计师是否听到了“残疾消费者的心声”。找到这个问题的答案的第一步是了解轮椅设计师。它将涉及以下问题：

- 他们如何处理轮椅的设计?
- 他们如何满足物理和人机工程学规范?
- 他们需要用户提供什么样的数据?

这些问题的答案，对于揭示轮椅设计师和制造商是否真正实践了产品设计方法至关重要。

在出现以用户为中心的产品设计方法之后，设计过程中仍然存在一些问题：

- 设计师如何评估一个产品样本的新方法?
- 新方法的缺点和优点是什么?
- 该方法是否可接受、是否可用和是否有用?

上述问题的答案意味着轮椅设计师将采用一种策略来解决所有涉及的主题。

因此，本书的主要目的是介绍一种以用户为中心的产品设计方法。该方法用于如何将用户需求转化为针对残疾人群和健全人群的产品设计。

为此，本书分为以下几个部分：

第 1 章介绍了人机工程学产品的设计。

第 2 章介绍了产品设计过程，包括设计规范的各个阶段，以及产品安全性的考虑。

第 3 章分析了什么是消费者需求、满意度。

第 4 章和第 5 章涉及调查当前为残疾人设计的实践以及根据用户需求设计和制造产品的一些方法。

第 6 章论述了以用户为中心的产品设计方法所涉及的步骤，并研究了其适用性。

结论部分汇集了本书所研究的主要问题，并给出解答。

目录

4

5

6

1

人机工程学产品的设计

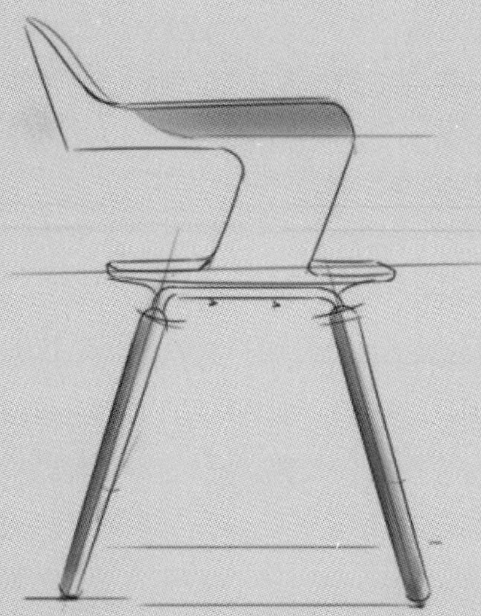

1.1 寻找符合人机工程学的优质设计产品

如今，无论多么复杂的消费产品都应该使工作和休闲变得更容易。在日常生活中，用户必须与数以千计的消费产品进行交互，他们希望这些产品以快速、安全、高效和令人愉快的方式执行其活动。但是，在处理产品时人们通常会遇到许多错误并产生挫败感，这表明产品并不总是如我们所愿般便捷高效。如果这一事实适用于消费品，那么它也适用于残疾人使用的那些产品。

Thomas（2018）认为，中国的消费概念是模糊的，并且消费产品可能难以适用于现实生活中。在本书中，消费产品被定义为个人 / 公众使用的通常具有附加值的商品和服务（Suryadi 等人，2018；Cushman 和 Rosenberg，1991；Hunter，1992；Kreifeldt，2007）。Cushman 和 Rosenberg（1991），以及 Wilson（1983）指出，消费产品分为两类：a）满足普通人群的需要和需求的产品；b）针对特殊群体的产品，例如儿童和残疾人。消费产品通常在人的住处或社交环境中使用，而不是在工作场所使用。消费产品通常必须与其他产品和系统配合使用（Roy，2018）。使用这类产品的用户通常是未经培训，没有技能，也不在监督下使用产品；可能是任何年龄、性别或任何身体状况的人；可能是具有广泛的教育、文化或经济背景的人。消费产品（例如电视）可能会改变人们的习惯和行为。消费者之所以购买某些消费产品，不仅是因为其固有的用途，而且因为它们具有主观价值。

消费产品，包括许多针对残疾人的产品，有时只为销售而设计。因此，很多设计较差的未考虑消费者的真实需求的产品经常在市场上被推出。Thimbleby（1991）在人机工程学学会讲座中说，“我们都面临着设计不精”，而 Norman（2013）得出的结论是“唉，设计不精的产品盛行”。因为消费者的抵触和竞争对手的诉讼，其中一些产品面市时间很短。

Stearn 和 Galer（1990）指出，从消费者的角度来看，人机工程学运用的好坏程度对设计的影响最为明显。

竞争激烈的现代消费市场促使公司更加注重产品质量。这样可以减轻产品制造过程中的损耗，减少保修索赔，缩短产品开发周期，并提高用户满意度，从而达到提升产品质量的目的。根据 Griffin 和 Hauser（1993）的观点，产品质量的提高可以带来更大的利润。本书采用的产品质量概念取自 De Feo（2017）的观点。他指出：“质量所包含的产品特征：满足客户的需求，从而提供满意的产品功能。”市场上拥有残疾人产品的公司数量表明，该市场的竞争激烈。因此，向健全或非健全客户提供有质量保证的产品不再是可有可无的，而是涉及公司生存的问题。的确，客户对产品的判断是基于质量的。

人机工程学的运用在保证产品可用性方面具有重要作用，尤其是针对一般消费产品中的残疾人产品。人机工程学已成为一门广为人知且受人尊敬的学科。人机工程学所研究的内容（例如易用性、易学性、高生产率、舒适性、安全性和适应性）已被媒体广泛传播为提高产品质量的要素并被用户认为是满足其需求所必需的。产品的“人机工程学设计”似乎在广告商眼中是有价值的（Leonard 和 Digby，2003）。

人机工程学是一门以人为本的学科。在实践中，研究者会收集有关人体结构、功能、行为和工作环境的数据。人机工程学使用的数据主要来自解剖学、生理学、心理学和工程学领域。因此，运用人机工程学还需了解最初这些数据的获取和应用有关的方法。人机工程学，更确切地说是产品人机工程学（研究旨在系统地分析工艺品及其与人类的交互），可以看作寻找产品设计质量的一个基本工具。

符合人机工程学的精心设计的产品是那些考虑各种用户（如日常用户、好奇心强的用户、健康或不健康的用户），在正常情况下使用或在可预见的情况下使用甚至是不当的条件下使用依然能提供安全、高效、舒适和美感的产品。虽然，一般而言，并不是所有的用户满意度的因素都必然符合人机工程学，但从人机工程学层面精心设计的产品是旨在保证用户的满意度的。

30 年前，Dirken（1990）指出在设计和市场营销中一个可悲的事实：在大多数情况下，产品的样式居于首位，技术排在其后，而人机工程学仅位于第三。这些年来似乎情况没有太大变化。尽管人机工程学和美学之间没有必要的冲突（Andre 和 Segal，1994），但 Norman（2013）认为：

“如果日常设计受到美学的支配，生活可能会更令人愉悦，但会少一些自在；如果设计由可用性决定，它可能会更舒适但更丑陋；如果以成本或制造方便为主导，产品可能不美观，但功能性强或耐用度高。显然，每个因素对于好的设计都不可或缺。当设计只考虑其中一个因素而忽略其他时，就会产生麻烦。”

这些因素之间的平衡与否可用来区分设计的好坏。当然，这些平衡的建立可以基于用户创建的上下文、任务、环境和文化，以及帮助残疾人独立生活的产品（以下称为“独立生活类产品”）中使用者的医疗和治疗需求。设计意味着在多个解决方案之间进行连续选择。例如，设计师处理美学和可用性之间的利益冲突。

Norman（2013）曾注意以下事实：与设计欠佳的产品相反，设计精良的产品易于解释和被理解，因为它们有明显的操作线索。他提到了“形式遵循功能”原则，该原则指出产品应指明如何使用以及针对何种用途而设计。该原则指导了大多数产品的人机工程学设计。同时，他观察到设计中引入的新技术是很重要的，特别是与使用电子和微电子组件有关的、需要用到用户界面的新形式的产品，即通信的用户之间的介质和产品。因此小型化产品有可能产生。“形式遵循功能”是工业设计最基本的原则。这意味着设计必须实现“给定”产品的功能：设计要找到该产品的功能是什么，如何设定新功能以及怎么实现这种新功能的不断更新。

“形式遵循功能”的概念被广泛用于大多数残疾人产品设计中，以帮助残疾人实现其独立生活的愿景。此类产品的设计通常是由医学专业人士针对残疾人的身体需要而发起的。因此，它经常指导产品的设计在用户残疾的背景下解决问题，而不是使设计考虑到用户的愿望、期望和生活方式并履行其功能。Barber（1996）的研究表明，该设计通常导致一个解决方案，即该产品更像一件技术装置而不是一个完整的消费产品。这个事实在那些独立生活类产品中很容易观察到：设计人员经常将医疗要求列为优先事项，而忘记了用户对个人愿望的需求，例如独特性、价值和地位。

在寻找面向健全人和残疾人的符合人机工程学精心设计的产品中，人机工程学和产品设计扮演不同但并不矛盾的角色。这两个领域的实践都有责任定义用户界面。人机工程学和产品设计的作用将在下一部分讨论。

1.2　人机工程学和产品设计：弥合差距

设计达到精妙的程度绝非易事。产品开发是一项冒险的业务，因为它涉及公司的许多领域，成本很高。为了获得成功，产品应该完全满足用户需求。设计过程可以降低产品故障的风险和成本。产品设计过程将在下一个章节中讨论。

人机工程学是一项以科学数据为基础的技术。产品设计是创造新的和改良的产品以供人们使用的过程，而制造的目的是生产有价值和适销对路的商品。一方面，人机工程学显然具有来自科学的强大投入，而产品设计则由美学投入来辅助。另一方面，制造商主要关注产品的销售情况，包括所售商品的数量和所获利润。

通常，人机工程学专家、产品设计师和制造商这三个群体用不同的方法来达到自己的目的。人机工程学专家主要关注产品的可用性和安全性，并采用实证方法来达到目的。产品设计师致力于d在产品的形式、价值和外观之间寻求平衡，并依靠经验、直觉和创造力来实现这一目标。制造商更实际，因为他们面临着竞争激烈的市场环境。直到今天，一方面，人机工程学专家依然会指责设计师输出不安全的产品，没有强调可用性的重要性和缺乏科学推理的能力（Grandjean，1984；Wood，1990）。另一方面，设计师说过，人机工程学数据呈现的语言和格式并不适合设计师，它们妨碍了设计创造。然而，制造商更喜欢现实地考虑事实，而不是像人机工程学专家和设计师那样不切实际。

几位作者提到了设计师与人机工程学专家之间有时不和谐的关系（Pheasant 和 Haslegrave，2018；Vincent、Li 和 Blandford，2014；Abeni，1988；Brown 和 Wier，1982；Grandjean，1984；Lingard，1989；Ryan，1987；Smith，1987；Ward，1990，1992；Wood，1990）。产品设计师与人机工程学专家之间的主要冲突之一是他们会采用不同的方法达到各自的目的。设计师总期望自己是创新者，他们总是以创新和直观的方式寻找问题的另一种解决方法，尝试各种解决方案并进行评估。他们通常使用“横向思维”来解决问题，这意味着使用创造性思维来解决问题，从而避免了对常规参考框架逻辑的过分关注和过于局限的分析。人机工程学专家虽然有时会使用创新技术，但他们倾向于分析问题并开发公式或做实验，以得到他们认为最佳的解决方案。

在先前引用的文献中作者认识到了人机工程学与产品设计之间的分歧，并且认为需要解决这种分歧。人机工程学和产品设计的成功融合将生产出外形既美观又功能卓越的产品。它们的目标是一致的：提升用户满意度并生产成功的产品。Harris（1990）声称，世界市场包含多种拟人化的行为和文化差异，因此，人机工程学知识对于设计应对全球市场产品开发的挑战至关重要。因此，在设计适用于健全人群和残疾人群的产品时，人机工程学和产品设计的融合尤为重要。

人机工程学在产品开发中扮演着三个传统角色：a）用户需求识别；b）用户界面设计；c）测试和评估。为了履行这些职责，人机工程学专家采用了适当的程序：a）识别用户需求和偏好，并验证如何有效满足这些需求和偏好；b）在产品开发周期的各个阶段以用户能够提供反馈的形式衡量用户需求的有效性。实际上，在产品设计中了解人机工程学所需知识以及设计师实际使用的知识非常重要。

现在看来，Mossel 和 Christiaans（1991），以及 Soares（1999）的研究成果仍然很前沿。在采访了四位设计师之后，Mossel 和 Christiaans（1991）指出，美学因素对设计师来说非常重要，以至于他们可以推翻建设性、管理性和人机工程学方面的因素。他们研究得出以下结论：a）大多数人机工程学信息取自现有产品中设计师的推论或客户调研；b）产品没有进行用户试用测试，设计师一般自己测试产品；c）与美学和管理方面相比，人机工程学方面的产品设计中的优先级较低。尽管此研究仅涵盖了四位设计师的工作，但也应该将研究结果视为人机工程学在设计活动中作用的反思来源。除了前面 b）项所述结论外，其余结论均与 Soares 于 1990 年进行的调查中发现的结论相似。

Pheasant 和 Haslegrave（2005）认为，设计师需要摆脱人机工程学只是数据的应用的观念，而开发一种完全以用户为中心的设计方法。以用户为中心的设计方法是一种根据用户的需求和兴趣来开发产品的方法，重点在于产品的可用性和易理解性。

Norman（2013）定义了使产品易于理解和使用的两个设计基本心理学原则：a）提供良好的概念模型；b）使设计理念可视化。

第一个原则表明，良好的概念模型可以预测我们行为所产生的效果。我们可以将思维模型定义为基于以往的经验以及当前的观察结果，由用户形成的系统和任务的概念性表示，它可以为用户提供预测性的理解和解释，并指导用户与之交互（Christiaans，1989；Norman，2013；Wilson 和 Rutherford，1989）。人们通过经验、培训和指导形成心理模型。根据 Norman（2013）的观点，概念模型可以分为以下三类：

a）设计模型，即设计师的概念模型；b）用户模型，通过与系统交互而开发的思维模型；c）系统图像，设备的可见部分，来自产品本身（包括文档、说明和标签）。在操作不熟悉的消费产品时，用户在寻找合适的方法来使用产品的过程中会遇到很多的困难，并且这些困难可能是认知层面的。在导读章节的虚构故事中，谢太太在操作她的新式微波炉时就遇到了许多困难。设计师期望用户模型与设计模型相同。但是当设计师不直接与用户交互并假定此前提始终成立时，就会出现问题。当残疾用户（主要是那些患有认知障碍的人）使用产品时，问题也就更加严重，因为设计师不是代表性的用户。相反，他们在使用自己设计的产品时非常熟练，以致他们无法相信其他任何人在使用此产品时可能会遇到问题。Thimbleby（1991）讽刺地说，设计师倾向于设计自己想要的东西，并自欺欺人地认为设计没有问题，认为错误出现完全是因为用户不动脑筋。

Norman（2013）引入的第二个原则是基于可见性概念的。关键的零件必须可见，并且它们必须传达正确的信息。他说，当简单的东西需要图片、标签或使用说明时，设计就失败了。可见度降低的结果是反馈减少。由于现代技术的影响，交互也随之改变。过去，多种产品的控件是手持、转动、拉动和推动的，而如今，它们是触摸、语音或手势命令。在不久的将来指令可能通过思维执行，并产生一种新的反馈形式：动动手指、点击按钮和按压开关，点击声或曲柄声将消失，被手势、语音或大脑指令代替。一方面，现代技术给设计师提供了更大的自由发挥空间，以探索产品的美学和外在形式；另一方面，设计师需要更加注意减少反馈。例如，在开车时，哪怕只是短暂地操作手机按键，或者只是触摸电子轮椅或代步车的遥控，都有可能导致用户因看手机或遥控而偏离道路。

重要的是，可用性由特定的用户、特定的任务类型以及进行交互的特定环境确定。因此，可用性是一个随时间变化而变化的变量。

上面提到的设计原则使用户成为设计的中心。这一种以用户为中心的设计方法声称在产品开发的所有阶段都将重点放在用户身上。在开发的所有阶段都持续关注消费者和终端用户，得到相关的、有意义的和适用的反馈以及进行准确的市场研究，以帮助对未来客户需求的预测，这是在市场上成功的产品的关键。

在设计过程中，以用户为中心的独特方法之一是在产品开发过程的早期开始应用人机工程学。这种方法得到了一些作者的认可（Sun 等人，2018；Santos 和 Soares，2016；Soares，2012；Ahram、Karwowski 和 Soares，2011；Robert 等人，2012；Mital，1995；Cushman 和 Rosenberg，1991；Harris，1990；Kreifeldt，1984，1992；Ward，1990）。快速原型设计和可用性测试的使用使人机工程学可以更早地提供输入并进行迭代工作，从而使设计师更容易识别出设计问题，完善设计意见。这里的“可用性”一词既涉及在启动产品设计过程之前以及在设计的早期阶段获得用户需求，也与评估已经建立的原型和产品有关。快速原型制作（或台式机制造 -DTM）是根据 CAD 模型制作的三维原型。目前已有以用户为中心的方法以及快速原型技术被用于辅助技术产品的开发设计。

在产品设计活动中有三个常用的工具：CAID（计算机辅助工业设计）、任务分析工具和可用性测试工具。有趣的是，后两者在人机工程学领域已经存在了数年。这些工具为设计师和人机工程学专家共同创造产品提供了新的动力，这些工具将用户作为设计过程的基本组成部分而不是过程的接受者。工业设计现在成为基于用户交互性而不是基于用户适应性的以用户为中心的设计过程。

>> 本章小结

- **使用消费产品的用户通常未经培训，没有技能，也不在监督下使用产品，他们可以是任何年龄、性别或任何身体状况的人，并且可能具有广泛的教育、文化或经济背景。**
- **消费者通常不仅仅因为固有用途而购买产品，还因为产品具有主观价值。**
- **竞争激烈的现代消费市场促使公司注重产品质量。**
- **减轻产品制造过程中的损耗、减少保修索赔、缩短产品开发周期并提高用户满意度是提升产品质量的目的。**
- **向健全或非健全客户提供质量保证不再是可有可无的，而是涉及公司生存的问题。**
- **人机工程学在保证产品可用性方面具有重要作用，因此，对于一般的消费产品，尤其是针对残疾人的产品，它的作用更大。**
- **美学、可用性和制造技术之间的平衡与否可用**

来区分设计的好坏，也能甄选出符合人机工程学精心设计的产品。

- 符合人机工程学精心设计的产品是那些考虑各种用户，在正常情况下使用或在可预见的不当的条件下使用能提供安全、高效、舒适的体验感的产品。虽然，一般而言，并不是所有提高用户满意度的因素都符合人机工程学，但从人机工程学层面精心设计的产品旨在提高用户的满意度。
- 为残疾人设计的产品经常指导设计在用户残疾的背景下解决问题，而不是使设计考虑到用户期望的生活方式并履行其功能的产品。
- 在面向健全人和残疾人的符合人机工程学精心设计的产品中，人机工程学和产品设计扮演不同但并不矛盾的角色。
- 在先前引用的文献中，作者认为人机工程学与产品设计领域之间具有一些分歧，并且认为需要解决这种分歧。
- 人机工程学在产品开发中扮演着三个传统角色：a）用户需求识别；b）用户界面设计；c）测试和评估。
- 设计有两个使产品易于理解和使用的心理学原则：a）提供良好的概念模型；b）使设计理念可视化。这些原则体现了用户是设计的重点。
- 以用户为中心的设计过程的独特方法是在产品开发过程的早期开始应用人机工程学。
- 在产品设计活动中有三个应用工具：CAID（计算机辅助工业设计）、任务分析工具和可用性测试工具。后两者在人机工程学领域已经被使用了数年。

2

产品设计过程

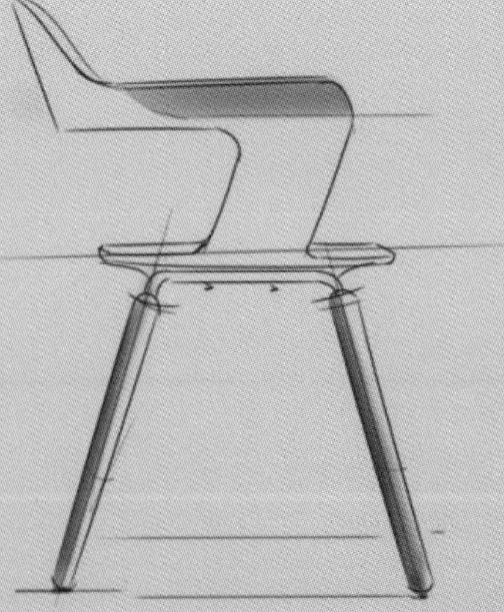

Kotler 和 Armstrong（2018）认为：“产品是指在市场中满足用户需求或需要的，可以使用或消费的任何东西。它可以是物品、服务、人员、地点、组织和想法。”

产品开发（包括产品设计过程）是一系列活动，从感知市场机会开始，到产品的生产、销售和交付为止（Ulrich 和 Eppinger，2016）。此概念适用于针对身体健全或残疾用户的产品。Smith（2003）认为，尽管产品或服务满足了用户需求，但某些产品制造商，如汽车制造商，并未出售产品本身，而是出售了尊贵感、舒适感、安全感和风格感。产品能满足这些需求的一部分。因此，笔者总结道，客户对于帮助制造商回答“您提供什么？”这一问题至关重要。

由于人们的愿望、价值观和地位不同，销售者使用不同的营销策略以吸引不同类型的消费者。但是，这些策略尚未完全应用于独立生活类产品，这主要是因为这类产品的大部分购买者是一般医疗保健和政府机构的人，而不是使用它们的人。

本书认为产品需求（也称为“产品说明书”）意为对产品的用途作精确的描述。客户需求通常表达为“客户的语言”。产品需求必须以明确、精确和可衡量的方式说明产品用途，以使产品能满足客户需求（Ulrich 和 Eppinger，2016）。

产品设计过程是产品功能、性能、外观和成本等产品需求之间的协调，人们有时很难找到最好的解决方案，因此，必须在某些可接受的解决方案之间建立折中方案。产品设计是产品制造过程的第一步，也是最重要的一步。

产品开发过程中的复杂程度会根据产品的性质而变化。很多研究者对产品设计过程进行了研究，例如 Olsen（2015）、Cuffaro 等（2013）、Milton 和 Rodgers（2013）、Cross（2008）、Baxter（1995）、Jones（1992）、Lobach（2001）、Maldonado（1977）、Rozenburg 和 Eekels（1995）。有些研究者特别关注人机工程学和用户在产品设计过程中的作用，例如 Privitera（2019）、Soares 和 Rebelo（2017）、Ulrich 和 Eppinger（2016）、Karwowski，Soares 和 Stanton（2011a，2011b）、Cushman 和 Rosenberg（1991）、Kreifeldt（2007）、Mital 和 Morse（1992）、Wood（1990）。一些研究者出版了有关以用户为中心的设计著作，例如 Govella（2019）、Endsley（2017）、IDEO（2015）、Klein（2016）、Kim（2009）、Whalen（2019）、

Mash（2016）和 Jordan（1998），关注的重点是可用性和用户体验。有些研究者则对设计思维进行了研究，例如 Curedale（2019），Still 和 Crane（2016），Luchs、Swan 和 Griffin（2015），McKey（2013），Tullis 和 Albert（2013），LUMA Institute（2012），Reiss（2012），Goodman、Kuniavsky 和 Moed（2012），Dumas 和 Lorign（2008）。Anderson（2014）、Magrab（2009）、Cross（2008）、Juran（1992）、Mital 和 Anand（1992）、Pugh（1991）则研究了产品的质量和生产过程。还有些研究者则专注于通用设计和独立生活类产品的设计，如 Hamraie（2017），Lid（2014），Vanderheiden 和 Jordan（2012），Torrens（2011），Pullin（2011），Lidwell、Holden 和 Butler（2010），Kumar（2009，2007），Clarkson 等人（2003），Poulson，Ashby 和 Richardson（1996），Vanderheiden 和 Vanderheiden（1992），Wilkoff 和 Abed（1994），Hanington 和 Martin（2012），他们提出了几种可用于设计开发的技术。Wendel（2014）论述了设计如何影响用户行为。尽管这些作者描述的方法有许多相似之处，但也反映出不同的设计方法取决于所应用产品的类型。

产品设计过程可以定义为一种由一系列合理和系统的程序组成的方法，目的是构思和开发供用户使用的实物产品。尽管产品设计过程很有意义，但它本身不足以保证任何特定产品的设计质量。事实上，没有人能够预测到设计过程中出现的所有问题，但可以通过使用有效的方法和正确的信息，遵循良好做法，从而将风险和成本最小化（Poulson、Ashby 和 Richardson，1996）。

消费品的设计过程可以概括为由七个连续的或并行的阶段组成：a）设计规范；b）概念化；c）建模与原型制作；d）产品评估；e）生产；f）市场营销和评估；g）产品安全。

2.1 设计规范

设计过程的设计规范确定了新产品将要实现的最广泛的概念目标。在此阶段，人们应仔细分析该产品的商业计划、满足的需求、使用对象和产品特征。传统上，此阶段是由营销和管理团队完成的，或者是由设计师和客户之间的讨论来确定的。人机工程学可能在组成该阶段的几个步骤中发挥重要作用。设计规范只是产品开发过程中整个系列规范的一部分，其他规范可能包括营销、工程、制造、财务等。

设计规范包括以下内容：

- 确定需求。
- 评估竞争产品。
- 建立用户资料。
- 定义产品性能及要求。
- 确定设计约束。

2.2 概念化

设计过程的概念化涉及想法的产生。这些想法符合先前在设计规范中建立的标准。此过程通常基于设计师的创造力和直觉以及其他人如何解决类似问题的方案。头脑风暴、集思广益等各种方法都可以达到此目的。此阶段的早期目标是在不提出批评的情况下提供尽可能多的解决方案。从人机工程学的观点来看，这种方法的问题在于所产生的解决方案很少根据安全性或可用性进行评估，从而导致制造出许多不安全或使用不便的产品。

该阶段需要进行最佳创意的评估和选择。使用包括产品规格的决策矩阵有助于选择最佳概念。人机工程学可能有助于该过程，使设计人员了解用户的身体和认知需求，从而产生合适的解决方案。

该阶段产生的概念以足够详细的效果图或图纸的形式呈现，以便人们清晰地了解最终产品的外观。需要提及的是用于设计产品的三项重要技术：计算机辅助工业设计（CAID），感性工学和虚拟现实。计算机辅助工业设计是一种基于计算机的设计系统，使设计师可以在三个维度上创建和评估产品设计，并从基本几何设计中生成逼真的图像和动画（Chang，2016；Onwubolu，2013；Erhorn 和 Stark，1994）。通过该技术生成的物理模型可用于用户评估。感性工学实质上是一项为了与用户交互而开发的技术。虚拟现实技术可帮助设计师生成源自设计概念的虚拟模型。Wang（2002）指出："虚拟原型或数字模型是对物体的计算机模拟，可以从产品生命周期如像实际物体一样进行设计、制造、服务和回收等方面的试验。"Rebelo 等（2011）介绍了虚拟现实在消费产品设计中的方法和应用。图 2-1 展示了由中国湖南大学设计艺术学院的一名学生开发的一种用于儿童音乐学习的智能玩具的概念图。

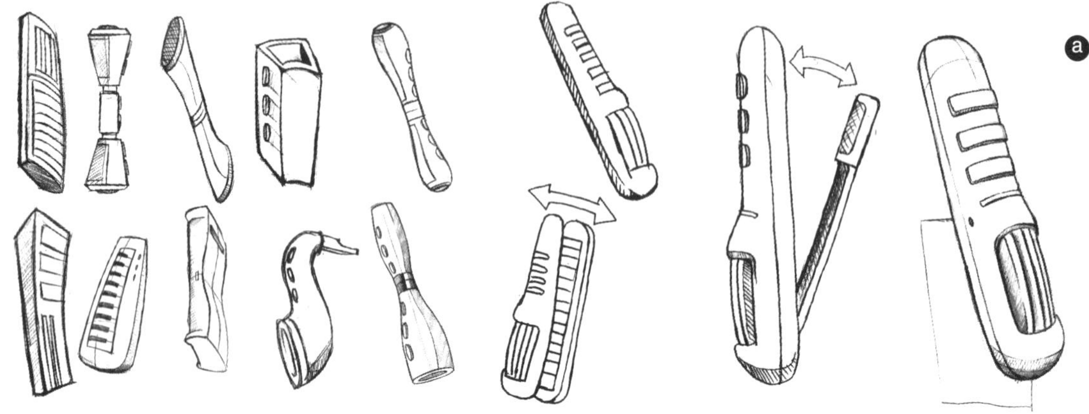
a

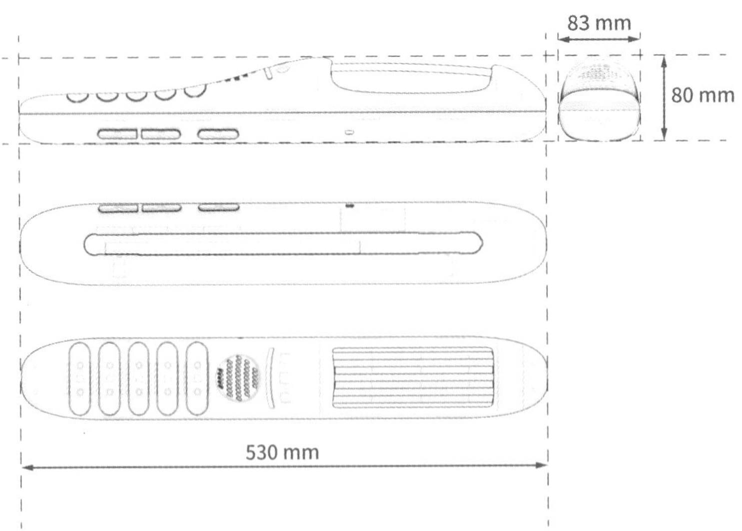
b
83 mm
80 mm
530 mm

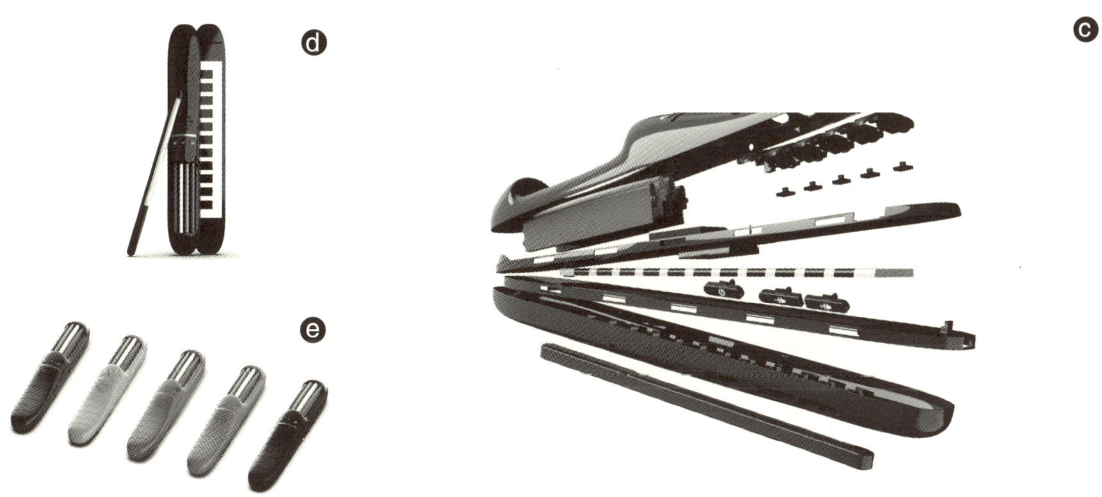

图 2-1　用于儿童音乐学习的智能玩具的概念图

（a.定义设计替代方案，b. 尺寸，c. 放大图，d. 选择颜色，e. CAD生成最终的设计理念。图片由中国湖南大学设计艺术学院杜鸿庆提供）

2.3　建模与原型制作

建模是设计过程的一个阶段，在这一阶段，设计师负责选择和开发最有前途的概念，并将其转变为代表性的静态模型（计算机图形或非工作模型）和工作模型。此阶段的目的是生成目标的现实模型。值得注意的是，在上一阶段，设计师也可以使用静态模型来帮助选择最佳概念；同时，可以将模型转换为有效的完整原型。

传统原型制作需要几天或几周，而快速原型技术可以在几小时内完成原型制作，从而降低了创建物理模型所需的时间成本。图 2-2 展示了用于儿童学习音乐的智能玩具 3D 模型。

将概念转变为物理现实需要使用多个数值，

图 2-2　用于儿童学习音乐的智能玩具 3D 模型

（图片由中国湖南大学设计艺术学院杜鸿庆提供）

例如长度、重量、直径、平衡度等。此时，人机工程学以其文献资料中的大量数据为设计提供了有力的支持。

最早的产品开发过程，将用户纳入其中，有助于减少用户对最终设计的抵触和对实质性修改的需求。

2.4　产品评估

产品评估可从产品开发的设计阶段开始，包括评估第一个模型、制作完成的高级原型和生产的第一个样本（产品的主副本，随后将批量生产）。

设计师可从产品测试结果分析产品的性能和产品与用户（残疾人或身体健全者）之间的交互作用的结果，适当地修改设计。测试还为制造商提供了原型是否满足市场需求和法律要求的相关信息。

消费者与产品之间的交互作用的度量可以提供更多产品要求，以改善现有产品人机工程学方面的设计。只有通过这种方法，我们才能发现不良设计。为此需要使用特定的方法，根据安全性、有效性、坚固性、可靠性、舒适性、尺寸兼容性、易用性、美观性以及愉悦性等因素来评估设计。

广义上讲，产品测试有两种：物理测试和人机工程学测试。物理测试用于验证产品的技术质量，例如其物理、电气和电子特性（如：效能、功耗、抗冲击性、耐腐蚀性、电阻等）。物理测试对于产品的内部零件或通常很少与用户直接接触的产品部分更为重要。在这种测试中，与产品（或其组件）的交互不是测试的主要方向。

产品的人机工程学测试与物理测试不同，这是因为前者直接涉及用户，并将人体的生理和心理特征与产品的各种功能相联系。这些类型的测试通常适用于身体健康或残疾人群的日常产品开发，这些产品常被用于家庭、工作和休闲场所，其使用的主要特征是涉及与人的广泛接触。

可用性测试是人机工程学测试的一部分。国际标准组织将可用性定义为“特定用户在特定环境中以有效、高效率、舒适和可接受的方式实现特定目标的程度”。可用性测试是产品开发过程中使用直觉来进行设计决策时不可或缺的一部分。设计师使用这种方法，既可以在产品设计过程之前或设计之初获得用户需求，也可以对已制造产品进行评估。这种方法使用户成为设计的重点。

从物理和人机工程学角度评估消费产品很有必要，因为制造商可以通过结果将其新产品与市场上现有产品（尤其是竞争对手的产品）进行比较。

在设计过程中的任何阶段，设计师都应从人机工程学方面进行产品评估。计算机辅助系统是执行早期评估的出色工具。使用实体模型和原型进行的仿真实验可以研究用户在实际产品使用期间的反应，并鉴别产品使用故障。

产品评估的使用有助于：a）保持公司的良好形象（避免负面口头宣传的危险）；b）避免来自消费者组织的负面反应；c）避免承担法律责任。

独立生活类产品与一般消费产品的标准与评估没有很大区别，其包括以下方面的评估：

- 安全性，即产品能够正常操作，在使用中不会出现故障或可预见的误用而造成使用者受伤甚至死亡的风险。
- 有效性，即产品能够通过合理的人力消耗有效地完成预期的工作，以产生预期的效果。
- 适用性，即产品必须符合用户的医疗和社会要求。
- 坚固耐用，即产品具有经得起长期使用和偶尔误用的质量保证。
- 可靠性，即在规定的时间段内某项物品将执行所需功能的可能性。
- 舒适度，即在与产品使用相关的任何活动中用户都能产生身心愉悦感受的产品特性。
- 尺寸兼容性，即产品的尺寸要与解剖学、人体测量学以及使用该产品的环境的物理限制相适应。
- 易于使用，即产品在使用中不要求过于用力、过于投入和过于专注的属性。
- 美学，即产品具有外观、声音、气味等方面都令人愉悦的品质。
- 物有所值，即产品在购买、维护和零件维修中必须具备和价值相符的品质。

设计师必须详细地说明评估残疾人产品的标准规范，以适用于特定辅助工具的测试。该规范应包括以下内容：

- 对于产品：尺寸、材料、组件、控件、显示器、说明书、结构、噪声、振动和产品的任何特殊功能。
- 对于用户：年龄、性别、人体测量学、感觉、智力、功能、社会经济地位、产品所有权以及用户的任何特殊特征。
- 对于任务：通过产品的使用、用户和环境的动态交互和产品设计的任务来实现目标。

2.5 生产

生产阶段涉及各种活动，包括加工和材料选择、制订生产操作计划、材料处理、监察和质量控制以及包装。制造是生产阶段的本质，其目标是尽可能轻松、快速和经济地完成从原材料到最终产品的转换，并要求采取以下步骤：产品设计、制造系统设计和制造系统操作。

根据 Vanlandewijck、Spaepen 和 Theisen（2007）的观点可知，辅助技术制造商面临着极其困难的问题。一方面，制造商需要生产尽可能多的产品，以降低制造成本；另一方面，这些产品应适合用户的个体特征。使用“为所有人设计”的方法（将在第 6.3 小节中讨论）和允许组合每个组件的多种变体从而满足个体需求的模块化设计也许能解决这个问题。然而，产品满足个体的需求越具体，就越难以使用上述方法来解决问题。

工业工程师负责解决生产问题。产品开发过程的阶段不直接涉及产品人机工程学和工业设计，因此，之后的章节不再进行深入讨论。

2.6 市场营销和评估

市场营销和评估阶段主要涉及在产品投放市场之前和之后评估客户的反馈。营销团队通过使用适当的技术以鉴别客户购买后对产品的满意度，通过客户反馈确定产品的外观和性能，并在产品出现任何问题时立即采取相应措施。

新产品一旦投放市场，通常会经历一个或多个销售增长和下降的时期。这种现象被称为产品的生命周期。产品的生命周期包括五个阶段：引入、增长、成熟、饱和和下降。设计不佳和缺乏良好的人机工程学设计会严重影响产品的生命周期。Wilson（1983）声称，从人机工程学角度分析，如果全面考虑产品生命周期的所有阶段，可以结合人机工程学的设计标准满足一些客户对产品的需求。此过程将约束用户交互，提高产品的安全性和回收使用率，有助于延长产品寿命。

尽管设计师和人机工程学专家应考虑产品生命周期，包括产品销售和一次性使用阶段，但市场营销和评估阶段并不直接涉及设计（但对于新一代产品，设计非常有用）。鉴于此，本书对这两个阶段不作讨论。

在产品设计过程中应解决的重要问题与产品安全性有关，因为产品安全性将影响到用户。

2.7 产品安全

消费产品经常伤害其用户，出现这种情况的原因很多，包括用户对产品不正确的使用、制造失误、设计不良。未达到安全要求的消费产品可能对用户造成伤害甚至死亡。预防性或压制性立法也禁止这样的产品进入市场。因此，这类产品问题导致的财务损失和负面宣传可能给公司带来灾难性影响。

Laughery（1993）指出，设计的产品经常需要用户（至少其中一些）应当具备却不具备的知识或信息。该学说认为消费者在处理产品时会利用自己的智慧和经验来保护自己免受可能的危害。

基于安全方法设计的消费产品必须考虑到产品、用户和环境之间的相互关系——考虑正常使用和可预见的误用，尤其是针对儿童、老人和残疾人的使用场景，从而带给用户低风险的产品使用体验。工业设计师和制造商应充分意识到事故的产生与其设计和生产的产品息息相关。

1978—2002 年，研究者从全英国范围内选择了 16 到 18 家医院，收集了那些严重到需要去医院和急诊部就诊的家庭和休闲场所事故的详细信息。这是为了深入了解家庭和休闲场所发生事故的原因，以采取干预措施来防止将来再次发生此类事故（RoSPA，2019）。研究数据指出，在英国，每年在家里发生的事故导致 6000 多人死亡，并有超过 200 万名 15 岁以下的儿童在家中及家周边发生事故，并被带到急诊室。英国家庭意外伤害的社会成本约为 456.3 亿英镑。

美国国家安全理事会的数据表明，2017 年，约有 127300 例可预防的受伤导致死亡的事故发生在家里和社区中，约占美国当年所有可预防受伤导致死亡事故的 75%（Injury Facts，

2019）。理事会指出，在过去十年中，家庭和社区死亡人数增加了60%，每10万人的死亡率增加了49%，其中涉及的费用为4726亿美元。这些数据清楚地表明，家庭是英国和美国的危险场所，比道路更容易发生事故。我们无法获得有关中国家庭事故的数据。但是可以推测，这个数字可能等于或大于美国和英国的数字。

统计数据表明，小孩和老年人家庭事故发生率很高。造成这种情况的原因可能是，这些人长时间在家里。此外，孩子们好奇心强，对周围的危险一无所知。老年人的身心能力处于逐渐下降的状态，因此更容易受到伤害。

导致事故的原因主要存在于产品使用过程中，并且取决于产品设计、产品使用环境以及用户的特性和行为。人机工程学可以在产品安全领域做出重大贡献，从而确保在多个产品开发阶段都充分考虑用户的需求。

产品可能有两种缺陷：a）未按计划生产的产品中，包含一些制造故障的产品，或未得到相应监管制造出的产品；b）按计划生产的产品，但本身会对公众或其拥有者产生危险。实际上，仅仅设计按预期使用时安全的产品是不够的，设计师还必须考虑产品被不当使用的情况。

设计是生产安全产品的基础。许多作者强调了设计对提高产品安全性的重要性（Gullo 和 Dixon，2018；Pheasant 和 Haslegrave，2018；Li 和 Lau，2018；Abbott 和 Tyler，2017；Abbott 和 Tyler，2017；Sadeghi 等，2017；Zhu 等，2016；Cushman 和 Rosenberg，1991；Jenkins 和 Davies，1989）。Copper 等学者（1997）指出，一些轮椅事故是由于设计不佳导致的。ISO 10377（2013）为供应商、设计师和零售商提供了如何评估和管理风险的实用指南，以期能向消费者提供安全的产品。

轮椅使用事故主要是跌倒和倾翻。2003年，美国急诊部门接受了超过10万例轮椅相关伤害的治疗，是1991年的两倍（Xiang 等，2006）。作者指出，在过去的十年中，与轮椅相关的伤害在美国可能有所增加。预防这种情况的发生应解决影响使用轮椅时致使受伤的复杂因素。

产品被购买后不久便经常发生故障。使用一段时间后消费者期望产品质量可靠且使用安全。此时发生产品事故可能归因于产品用途不可预见的变化。产品在使用了很久之后，便开始磨损，故障可能性会增加。

此时，产品故障通常是材料的累积应力、磨损、环境因素等引起的。某些物理测试可用于测试材料和组件的使用折旧情况，以预测产品故障。而在产品设计过程的初始阶段，人机工程学可能对预测故障最为有用。

Cleverism（2019）指出了大多数产品投放市场后失败的七个原因：

a）没有准确了解消费者的需求和要求；

b）新产品投放市场的价格不合适；

c）产品出现未曾出现过的问题；

d）产品市场定位失误；

e）产品投放市场的准备不足；

f）产品技术上的不足；

g）创新的产品发布后，用户不了解如何使用它。

此外，作者建议与目标用户交谈以了解他们的需求。

人为错误

直到最近，产品故障基本上还是被归因于用户错误。尽管这已不再是主要问题，但人为错误仍然是危害分析期间要考虑的重要的问题。在此背景下，风险可以理解为造成伤害的具有潜在风险的环境（条件/情形）。加拿大职业健康与安全中心（2019）指出了危害与风险之间的区别。根据该机构的说法，危害是对人造成伤害的潜在来源；伤害是人身伤害或健康损害；风险是伤害发生的可能性和伤害严重程度的组合。

只要有人参与执行任务的地方都可能发生人为错误。用户处理消费产品的情况也没有什么不同。但是，我们可以在发生人身伤害或损害之前控制人为错误，甚至预测人为错误。产品复杂性的增加将不可避免地导致使用中错误和问题的发生变多。

当人们与产品互动时，他们通常会以某种方式来发现和解决问题。执行操作的最佳解决方案由以下因素决定：可用信息、产品状态、用户的认知功能以及用户对其他类似产品的体验（Baber 和 Stanton，2002）。任务分析被认为是用于错误识别的有力工具。

Dekker（2014）、Woods 等人（2010）、Peters 和 Peters（2006）、Baber 和 Stanton（2002）、Kirwan（1990，1992a 和 1992b）和 Reason（1990）对人为错误进行了广泛探讨。Casey（1998）介绍了 20 个有关人们尝试使用现代技术创新的事实和引人入胜的故事。作者们展示了技术故障是如何由事物的设计方式与人们的实际感知、思考和行为方式之间的不兼容导致的。

产品安全分析、标准和规定

与产品相关的危害程度通常很难被量化，但在特定情况下，危害将使风险增加到一定程度，以致可预测到造成伤害的可能性。为了保证产品不包含或不存在对用户或与产品接触的人员造成伤害的可能，应进行产品安全分析和测试。

普通消费产品以及残疾人产品的设计均受强调产品安全性的政府标准、规章制度、当地法规的约束。大多数标准与法规具有法律效力，因此，初始设计阶段的第一步是验证哪些法律、法规、标准和制度适用于设计问题。

美国政府的消费者产品安全委员会发布了《消费者产品安全改进法案》（CPSIA）。它是包含重要的新法规和强制执行工具的文件，修订和增强了一些 CPSC 法规（包括《消费品安全法》）。该文件的链接为 https：//www.cpsc.gov/s3fs-public/pdfs/blk_pdf_cpsia.pdf，它可作为设计产品并将其出口到美国等西方国家的指南。消费者产品安全委员会中关于中国商业及制造业的信息的链接为（中文）https：//www.cpsc.gov/zh-CN/business-and-manufacturing-landing。

欧盟国家也制定了有关消费品安全的法律，有关标准和风险条例、市场监管条例，危险产品的检索，等等。欧盟的欧洲委员会提供产品安全和要求的信息链接为 https：//ec.europa.eu/info/business-economy-euro/product-safety-and-requirements_en。

国际标准化组织（ISO）提供了 ISO 10377—2013 标准。该标准已在 2018 年进行了审查和确认。该标准描述了消费品安全性，包括以下几个内容：

a）如何识别、评估、减少或消除危害；

b）如何通过降低风险至可容忍的水平来管理风险；

c）如何向消费者提供安全使用或处理消费产品的危险警告或说明。

173 技术小组正在讨论 ISO 辅助产品标准。有关残疾人辅助技术和残疾人无障碍指南的其他标准可在 ISO 目录中找到（ISO，2019）。

美国为残疾人制定了《美国残疾人法案》（ADA），并于 1990 年立法。《美国残疾人法案》为残疾人提供了公民权利保护，这类似于基于种族、肤色、性别、国籍、年龄和宗教信仰的法律保护。它保证了残疾人在公共场所、就业、交通、地方政府服务以及电信方面的平等机会。Sangelkar 和 Mcadams（2012）探讨了将《美国残疾人法案》知识转化为通用产品设计知识的可能性。

遵守安全准则和法规是产品安全设计的重要组成部分。但是，它们只是定义了最低安全要求。这些类型的标准和规章制度可能涵盖特定的产品属性、测试程序或产品性能。

遵守安全标准的设计，可以减少事故的发生。可以肯定的是，随着更严标准的实施，制造商和设计师在提高消费产品质量，尤其是产品安全性方面将面临更大的压力。

在英国，《1987 消费者保护法》已修订，并于 2019 年 7 月 4 日或之前生效（Legislation.gov.uk，2019）。该法对商品生产者在安全方面提出了新的更严苛的要求。在英国，安全要求意味着提供不安全的消费品属于刑事犯罪。该法指出：“任何人在任何情况下，提供不安全的消费品，均构成犯罪。”这些情况包括：“商品的销售方式，与商品一起发出的任何说明或警告，任何已发布的商品安全标准，使用方式（如果有的话）以及使商品更安全的成本。”因此，满足安全标准对于制造商保护自己免受产品责任至关重要。

产品责任

产品责任通常是由于产品提供者疏忽大意、违反担保或严格侵权而造成的。产品责任法律为解决与产品安全有关的问题和涉及人身伤害或死亡的法律纠纷提供了权威依据。它是指在侵权行为下采取的法律措施，即受害方（原告）声称次品是造成人身伤害或损失的原因，从而寻求从产品的商业提供者（卖方、设计师、制造商、分销商等）索取人身伤害或财产损失的赔偿。

Ryan 在 1985 年讨论过一些法律案件，在这些案件中，有问题的产品符合现有的安全标准，但被发现存在缺陷，而因为它们没有提供消费者期望的安全等级（法院裁定制造商应对与使用其产品有关的伤害负责）。因此，产品仅达到安全性的最低要求是不够的。

关于由次品造成的伤害的严格侵权法引入的细节和含义已得到学界的广泛讨论，可参见 Owen 和 Davis（2019），Hunter Jr., Shannon 和 Amoroso（2018），Abbott（2017, 1980），Ottley、Lasso 和 Klely（2013），Dewis 等人（1980），Hunter（1992），Wilson 和 Kirk（1980）的相关文章。

无论是在最初设计中使产品更加安全，还是法庭上产品责任案件的增长，都引起了行业对人机工程学专家的需求增长。人机工程学专家在法庭中发挥了重要作用，他们可以作为专家证人，提供证词以澄清技术问题。Karwowski 和 Noy（2005）在监管和司法系统的背景下探讨了人为因素的知识和技术在护理标准中的应用。

除了产品安全性外，一系列产品品质构成了使产品能够满足用户需求的特性。

>> 本章小结

- 产品设计过程可以定义为一种由一系列合理和系统的程序组成的方法，目的是构思和开发供用户使用的实物产品。
- 产品设计过程是产品功能、性能、外观和成本等产品要求之间的协调。有时很难找到最好的解决方案，并且必须在某些可接受的解决方案之间建立折中方案。
- 消费品的设计过程可以概括为由七个连续的或并行的阶段组成：a）设计规范；b）概念化；c）建模与原型制作；d）产品评估；e）生产；f）市场营销和评估；g）产品安全。
- 消费者与产品之间的交互效果的评估可以提供更多产品要求，以改善产品人机工程学方面的规格和质量。只有通过这种方法，才能发现不良设计。
- 可用性测试是设计师在产品开发过程中使用直觉来进行设计决策时不可或缺的部分。他们既关心在产品设计过程之前或设计之初获得的用户需求，也关注对已制造产品的评估。
- 从物理和人机工程学角度评估消费产品很有必要，因为这有利于制造商将其新产品与市场上现有产品（尤其是竞争对手的产品）进行比较和评估。
- 残疾人产品制造商面临一个两难的问题：一方面，制造商需要生产尽可能多的产品，以降低制造成本；另一方面，这些产品应适合用户的个体特征。使用“为所有人设计”的方法和允许组合每个组件的多种变体从而满足个体需求的模块化设计也许能解决这个问题。
- 遵守安全准则和法规是产品安全设计的重要组成部分。

3

定义消费者需求：具有竞争优势的产品设计工具

客户是指有产品需求的个人或一群人，他们通过接收产品（或服务）作为回报来进行购买。通常，客户、消费者和用户是同义词。在本书中，客户被定义为购买产品或服务的人，而消费者或用户则是有效使用产品的人。值得注意的是，当客户购买产品供自己使用时，客户、消费者和用户是相同的角色。

可以将用户对特定产品的偏爱视为产品的特征（包括设计和样式）与用户的产品需求之间匹配的结果。当然，用户（受某些限制）将尝试购买最匹配的产品。这种匹配是用户信息处理的一种形式，主要受用户个人区分能力、甄别和整合信息能力等多种因素的影响。

在竞争激烈的市场中，用户通常可以在多个不同品牌的同一产品中自由选择，且没有义务继续使用某一特定产品。

人们有自己的兴趣、价值观和地位象征。营销策略广泛地探索了人的这些特征以达到针对不同人群销售产品的目的。但是，营销策略很少应用于独立生活产品，这主要是因为实际上这方面产品的主要客户是公共场所提供者（医院或诊所）或其他政府机构，而不是实际使用产品的人。随着全球市场打破界限，数百上千残疾人的市场是值得被任何公司予以考虑的。

通常来说，为残障人群设计的产品必须满足该人群的特定医学或治疗需求。实际上，除了因残障而产生的需求之外，残障人群在期望、独特性、价值和地位方面的需求与健全人群相同。当设计师将残疾人视为孤立的症状集而不是需要代表其生活方式的产品时，就会出现问题。这些问题将导致产品不适用，因为大多数情况下它们的样式和外观设计更像一件医疗和辅助产品。这样的设计通常会导致产品被拒绝和放弃，即使它们可能具有临床价值，但会使残疾人感觉自己深陷困难，并增加了心理残疾感。

根据 Barber（1996）的观点，如果独立生活产品的设计纯粹是为了解决用户的身体和医疗需求，那么产品唯一能体现出来的就是生理需求的价值。这就将产品限制于一个基本假设，即使用产品的人们除了期望安全、保障和生存之外别无所求。尽管这些期望对于所有人而言都至关重要，但不应将其视为预期的生活方式、形象、状态和标识，设计师和制造商也不应将其视为任何产品成功的基本要素。

3.1 需要、需求和要求

Solomon（2016），Engel、Blackwell 和 Miniard（2005），Mowen 和 Minor（1997）等许多作者都定义了需要和需求的概念。为避免误解，需要和需求在本书中是同义的。

Mitchell（1981）将要求定义为使个人高效、安全、舒适和轻松地工作的过程、产品或场所的特征。如果将要求视为来自用户的环境输入，以使用户实现目的，则需求代表用户从特定设备或环境中获取的输出。作者认为，要求代表了一般需求的具体表达。

Ulrich 和 Eppinger（2016）区分了需求和要求。他们认为，一方面，需求并非某个特定概念，并且独立于可能开发的任何产品，因此设计人员应该能够确定客户需求，而无需知道他们是否或如何最终满足这些需求。另一方面，要求确实取决于所选的概念。例如，这些选定的概念是由技术上和经济上可行的、市场上竞争对手提供的产品以及客户的需求定义的。

3.1.1 关于消费者需求的一般考虑

所有消费者需求都应得到满足，并且产品功能应体现这些需求（De Feo，2017）。如今，关注消费者需求已成为设计有竞争优势产品的强大工具。消费者需求是产品或服务要满足的必要条件。对于消费者而言，某些需求会优先于其他需求。在产品开发过程中，识别消费者需求并确定不同需求的优先级至关重要，且有益于制造团队。Pugh（1991）认为，似乎要很长一段时间才能解决公司产品与消费者的实际需求之间的不匹配问题。

Griffin 和 Hauser（1993）认为，工程师对消费者需求的掌握比典型的市场研究更为详尽。根据 Harris（1990）的观点，用于制定产品规格的市场研究未能完全反映用户的需求。详细说来，重要的是通过定义将购买设计产品的消费者类型以及他们期望的特定产品特性进行梳理，从而在工程设计过程中建立取舍的层级关系。

Harris（1990）指出，一方面越来越多的公司花费越来越多的钱销售平庸的产品；另一方面，成功的公司则大量地投资人机工程学，设计和生产更合乎消费者需要的产品。如此，产品开发时公司应该考虑到识别消费者需求或希望购买产品的特性并利用其来拉动产品销售的重要性。作者认为，对产品的长期认可和接受在于用户对产品的喜爱以及产品满足其需求的信念。产品成功的必要条件是，产品满足用户需求并使用户受益。

根据 Holt（1989）的说法，许多工程师在设计活动中将注意力集中在技术上，而忽略了用户的问题和需求。用户需求为设计师提供了潜在的可获得的产品性能和设计接受度的反馈，使设计师有修改设计的依据，从而根据其要求改进原始设计。如果缺少反馈，设计可能会有越来越有悖于实际使用的风险。设计人员需要一种有效的方法来表示设计过程中的用户需求。产品开发过程可将消费者对功能要求的需求转化为特定的工程和质量特征（Gryna，2016）。

就购买过程而言，消费者需求以其预期的使用价值为前提，也包括消费者购买前对替代产品的评估。需求确认的初始过程会提供评估替代方案的信息。根据 Engel，Blackwell 和 Miniard（2005）的研究，需求确认的三个因素是：a）存储的信息；b）个人差异；c）环境影响。仅在购买后定义替代评估的成功，取决于消费者是否作出下次购买或不购买类似产品的决定。此外，作者指出，在这种替代评估中，决定用户满意度的不仅是产品在效率和有效性方面是否达到用户预期的程度，还有购买产品行为有关的其他因素也起着重要作用。

显然，用户需求彼此不同，并且在现代社会，用户需求更多的是由社会或情感因素而非生理需求（食物、住所等）建立的。竞争性市场上有许多产品在实用或功能上非常相似，以至于客户的选择通常仅取决于对产品效果的心理认知。因此，产品既具有象征性（理性、功能、意识水平）又具有内涵（非理性、情感、喜好、无意识层面）（Gregory，1982）。作者指出，产品是意义的集合，为了取得成功，有必要在理性和非理性两个层面上使用户满意。消费者经常选择与某种生活方式相关联的产品，认为产品形象所代表的品质在某种程度上与他们自己相符，或者会以某种方式体现在他们身上（Solomon，2016）。

Griffin 和 Hauser（1993）将“客户的心声”定义为“客户需求”的层次结构集，其中每个需求（或一组需求）都有一个层级，该层级表明了它对客户的重要性。很显然，在设计过程中需要听取“客户的心声”，但现实并非如此。

3.1.2 产品要求

确定了消费者需求，下一步就是建立产品

要求。此过程涉及提供有关如何使用可测量的数据设计和制造产品的特定指南。消费者通常使用自己的语言表达他们的需求。设计团队需要将这些信息保存在定量数据中，并尽可能避免主观解释。如此，产品要求可以理解为一组规范，是将消费者的需求转变为精确的、可测量的数据，以便生产出在技术上和经济上可实现的产品。

3.2 消费者满意度

消费者在使用产品时表达满意或不满意取决于该产品是否满足其需求。消费者满意度可以定义为消费者对产品的先前期望（或其他一些性能标准）与在消费产品后的产品的实际性能之间感知差异的评估所作出的反馈（Tse 和 Wilton，1988）。管理人员对消费者满意度的兴趣与日俱增，并以此作为评估质量的手段和判断产品或服务性能的标准。

一旦营销活动提供了消费者购买后的有用数据，例如态度改变、复购、积极的口碑和对品牌的忠诚度，则该营销活动的结果是合格的（Churchill 和 Surprenant，1982）。作者指出，自 20 世纪 70 年代初以来，消费者满意度的理论研究数量有了惊人的增长。根据研究者的说法，个人的满意度形成有：a）当产品达到预期的性能时得以实现；b）当产品的性能比预期的更差时的否定情绪（满意度低）；c）当产品的性能超出预期时的肯定情绪。

消费者通常评估他们日常活动中使用的产品，其满意度高低取决于购买产品后对产品的总体感觉或态度（Solomon，2016）。这样，产品满意度需要理解两个重要概念。根据 De Feo（2017）的说法，得出以下结论：

a）产品满意度高发生在产品功能完全符合消费者需求时；

b）产品满意度低发生在产品有缺陷且其功能不能完全符合消费者需求时。

Mano 和 Oliver（1993）将产品满意度的特征描述为“有态度倾向的消费后评估判断，该判断随着消费者愉悦的连续性而变化”。De Feo（2017）认为消费者对产品满意和不满意并非相反的情况。作者指出：a）前者源于产品特征，也是客户购买的原因；b）后者源自不符合性，也是客户抱怨的原因。

Oliver（1993）指出，在满意度的函数的模型中，消费者被设定为形成了消费前的期望，消费者观察产品（属性）性能，将性能与期望进行比较后，形成了一定关于产品的看法。我们将这些看法与期望水平相结合，可形成消费者的满意度判断。因此，该模型假定满意度是产品被使用前和产品被使用后的态度变化的中间值。

在产品设计方面，消费者满意度是视觉吸引、感觉、功能、期望和美学的综合体。当然，成功的设计需要全面考虑这些方面。只专注于任何一方面而忽略另一方面可能会引起消费者的不满。就专为残疾人士设计的产品而言，产品的医学和治疗特性是其功能特征的一部分，这些功能与其他产品特征一起才能满足用户需求，提高消费者满意度。

>> 本章小结

- 除了因残障而产生的需求之外，残障人群在期望、独特性、价值和地位方面的需求与健全人群相同。
- 营销策略广泛地探索了不同人群的特征以达到销售产品的目的。但是，营销策略很少应用于独立生活产品，这主要是因为这类产品的主要客户是公共场所提供者（医院或诊所）或其他政府机构的人，而不是实际使用产品的人。
- 消费者需求为设计师提供潜在的可获得的产品性能和设计接受度的反馈，使设计师有了进行改进原始设计的依据。
- 用户在使用产品时表达满意或不满意取决于该产品是否满足其需求。
- 在产品设计方面，消费者满意度是视觉吸引、感觉、功能、期望和美学的综合体。产品只专注于任何一方面而忽略另一方面可能会引起消费者的不满。
- 就专为残疾人士设计的产品而言，产品的医学和治疗特性是其功能特征的一部分，这些功能与其他产品特征一起才能满足用户需求，提高消费者满意度。

4

专为残疾人的设计：针对特殊人群的需求分析

4.1 关于残疾人的一般考量

据报道，全球越来越多的人身患某种形式的残疾。基于在 55 个国家进行的 63 项调查，2019 年联合国残疾统计数据库显示，各国的残疾人占比各不相同，卡塔尔的残疾人占比低至 0.4%，而瑞典的残疾人占比高达 35.2%。

要确定残疾人或因衰老而受到行动限制的这一类人的具体数目是很困难的。实际上，统计残疾人时可能将多重残障人士重复计算为不同类别的残疾，所以有时候估算的残疾人口数量可能是不准确的。根据所参照的残疾的定义不同，估算的数目也相差很大。但是，上述数字足以说明，有很大一部分人是需要被特殊对待的（比如，为他们提供设施或看护），以使他们能够过上普通的生活。残疾人群体是一个巨大市场。

实际上，制造商已开始意识到庞大残疾人口对大众商品的影响了。同时，许多国家的政府部门也越来越意识到由庞大的残疾人口所引起的问题。除人道主义关怀外，由于残疾人（失业或非独立生活）需要特殊援助，这就导致社会成本会非常高。此外，这些适龄劳动人口中很多人没有工作，这些个体的生产力的流失给社会造成了重大损失。许多残疾人生活水平在贫困线附近，这也是值得深思的地方。 Kumar（2009）指出，残疾人的低就业率并非少数国家独有，而是大多数国家的普遍特征。即使残疾人被雇用，他的收入也比其他健全的同行少得多。这些事实都反映出了一些社会问题。

4.2 残疾的界定及相关概念

身体或精神上的局限性可以分为三个层次：损伤、失能和残障（Kroemer 等，1994；Nichols，1976；Pirkl，1994；Soede，1990）。

- 损伤（impairment）：由疾病或事故引起的缺陷，其特征是肢体、器官、组织或身体其他结构（包括心理机能系统）功能的部分或全部丧失或异常。例如：听力受损、关节僵硬或断肢。
- 失能（disability）：是指由于损伤而造成某种限制或功能缺失，导致人们无法以正常方式或在正常范围内进行活动。例如：由于听力受损引起的沟通问题，由于关节僵硬引起的活动性问题。一名被截肢并装上了假肢的男子，他再也不能像以前拥有正常的双腿那样跑得那么快了，这就是一种失能。

· 残障（handicap）：对于特定的个体而言，残障是一种不利因素，是由操作或失能造成的，它限制或阻止了个人社会角色（取决于年龄、性别和社会文化因素）的实现。残障也可以被认为是由损伤或失能导致的社会和经济的劣势。再次以某人的下肢被截为例，截肢的劣势将完全取决于患者的年龄、职业、住所以及家庭情况。

准确定义"损伤""失能"和"残障"这几个术语是困难的。美国商务部的人口普查局在其《美国统计摘要》（Elkind，1990）中认为文盲是一种残疾，这是颇具争议的。反对这种分类的人认为，这种情况不是生理或心理上的残疾，而是可以并且应该在整个教育过程中被补救的。如表 4-1 所示，是基于人口普查局用于收集有关残疾数据的类别的分类。值得注意的是，此分类方法将残障和缺陷视为不同的残疾种类。这与上文所给出的定义是相冲突的。

表 4-1　Hale（1979）对残疾的分类

残疾的类型	具体能力缺陷
感知障碍	视觉障碍 听觉障碍
运动功能障碍	骨头损伤
认知障碍	特定习得障碍 言语障碍 智力低下
文盲与半文盲	—
心理失常	—
其他身体损伤	—

Hale（1979）提出，不管是如何造成的或由什么原因引起的身体残疾，都是医学上既定的事实，是可以被明确定义和描述的。有些残疾可能在某一方面严重地妨碍了自己的发展，但对其他方面不造成影响。例如，某人失去手指会严重阻碍他作为钢琴演奏家的职业发展，但这可能不会影响其进行大多数其他日常活动。还值得注意的是，有时残障的影响可以被最小化，甚至可以完全被消除。这可以通过合适的辅助手段（例如：器具、装备和辅助设备，在家庭、工作、交通和公共场所营造的友好环境）或者以建设性和

现实的态度来实现。有时候，他人对残疾人的看法比残疾本身更不利。

Vanderheiden（1990）提出了与 Hale 截然相反的观点。 他指出，被归类为残疾人的人与未归为残疾人的人之间是没有明确的界线的。 如果关注某项性能或能力的分布，可以发现极少个体拥有超强的能力，大部分个体能力平平，基本丧失能力或者无能的个体也是非常少的。

在一个维度上（例如视觉）表现不佳的人可能在另一个维度上（例如听力或智商）表现出色。 因此，大多数个体并不会始终只在曲线的下端或上端，而是根据所测试能力的不同而落在不同的位置。“正常”与“残疾”的区别也并不简单，因为它涉及连续功能，而不是简单 “正常”“残疾”两个对立面。残疾人团体将非残疾人称为“ TAB”或“暂时健全”的人，因为人的一生中有很大可能性会经历暂时的“残疾”（例如，在生病、遭遇事故以及发育和衰老的自然过程中）。

4.3　残疾人产品的设计

消费者由各种人群组成。不论是身体健壮的人还是残疾人，在年龄、尺码、身形、体重等方面都存在差异。因此，设计出满足所有人需求的产品实际上是不可能的。对于残障人士而言，他们的残疾加剧了个体差异，这给设计造成了更大的困难。

无论是复杂的还是简单的辅助器具，只要是合适的，都能够改变残疾人的日常生活方式。由于技术水平的发展，不久前只存在于科幻小说中的许多产品现如今都变成了现实。另外，许多现成的设施都是标准化且廉价的，为某人量身定制也成为了可能。从简单的家用助臂夹，到复杂的电脑操作的呼吸控制开关，残疾人可以找到各种各样的产品，来帮助他们过上更加独立的生活。

由于科学技术的进步，人们期望可以活得更久，甚至是完全地从疾病中康复，尽管遭受创伤却也可以积极地生活着。习惯了神奇的外科技术、生物工程学和药物治疗的公众也习惯了拐杖、轮椅和座椅电梯的束缚。

一般而言，产品仅仅是人类能力的延伸。例如：电话让人们可以远距离通话，飞机可以使人们更快地跨越更长的距离，计算机使人们能够快速而准确地进行计算，铅笔可以使人们不必讲话而交流思想，手套可以使人们在极端温度下使用双手。按照这种思路，眼镜使人们看得更清楚，助听器使声音更容易被人听见，轮椅能让使用者重新“行走”。这种思路消除了人们对“特种产品”的偏见，也消除了现在被称为“假肢器械”的污名。看到一个配戴眼镜的人，我们很少想到，他佩戴了矫正器械。

残疾人使用日用品时会遇到障碍。以下两种方法可以解决此问题：

a）调整现有产品和开发特殊辅助工具；

b）在设计新产品时考虑残疾人的局限性和能力。

就购买力而言，残疾人代表了很大一部分消费者。但是，实际上，当产品特供于某一人群时，该人群经济购买潜力会大大降低，因此，可能不会引起足够多的设计者关注。另外，残障、残疾人在安全而有效地使用标准消费产品方面存在一定困难。

残疾人能力和缺陷数据库

普通人群中非残疾人与非老年人这两个群体的能力和缺陷有大量数据可用，而与残疾人有关的数据很少，但是这数据是设计师迫切需要的。如果设计师等到统计学上有具有代表性的数据可用时，那么大量对残疾人带来障碍的产品将继续涌现。对于工业设计师来说，很少有足够的不同种类的残障人群相关信息可供他使用，而这些信息将影响他正在从事的设计工作。相比于过去，现在教科书更常提及残疾和由于衰老而导致的功能缺陷，数据表中也常包括这些信息。但是，目前论文和数据对设计人员的作用不及它们应有的大。

Kumar（2009）提倡有必要建立一个与残疾人和身体健全者有关的广泛而相关的数据库。此数据库应包括以下几个方面的内容：a）力量、耐力和动作范围；b）人们在标准活动中的能力，例如捏、抓、举、拉和推；c）不同身体关节（上肢、躯干、头部、颈部和下肢）的运动；d）平衡感、稳定性、视觉能力和听觉能力。

为残障和健全人群的设计

尽管为残障人士和健全人士生产两者兼容的产品是一项艰巨的任务，但供残障人士使用的产品通常会在一部分健全人士和老龄化人群中广为接受，尤其是如果这些产品不带有“残疾”的污名。在为残障人士设计产品时，同时也需考虑健全人士的需求，反之亦然。这样将很好地规避标准化的市场营销问题，即把残障人士与身体健全的人细分开，市场太小而导致的问题。

生产可能被最大数量的用户，包括残疾人和老龄化用户使用的产品，是一种经济和社会战略，有助于产品取得成功。Vanderheiden（1990）提出，在某些情况下，设计一种使健全人士和残障人士都可以使用的产品有以下两方面的好处：a）降低制造或维护产品所涉及的成本；b）对于健全用户来说，产品功能增加了，比如降低疲劳度、提高操作速度和降低错误率等。

有时，某些针对伤残人士的产品的研发投资与产品的回报不成正比。为了使该产品有经济效益，我们可能需要寻找其他市场。这样，设计师面临的挑战是制定能够融合特殊人群的需求和特征的设计规格，以便适用于一部分更广泛人群。

定义尽最大可能面向最大人口的设计概念有几个不同的术语，包括为所有人设计、为更广泛的大众设计、通用设计、为人们生活的各个阶段设计和跨代设计。实际上，所有这些术语在“人机工程学方法论”的语境中都是常识。

Vanderheiden（2019）将通用设计定义为一种面向所有人的，并涵盖了所有设计原则的方法。他还介绍了无障碍设计的概念，包含在通用设计之内。无障碍设计着重于设计原理，这些原理倾向于设计面向大众市场的产品，也包括面向因个人原因或者环境因素造成的在某些维度（视觉、听觉、知觉、操作）能力较弱的这类人。这类人被认为是通用设计中能力低的人。

尽管老年人和残疾人的需求在设计过程中都应被考虑到，但不可能设计出的所有产品和设施都能为每个人所使用，认识到这一点是很重要的。总是会有一部分人无法使用某种产品。与整体人口相比，患有某种特殊类型的残疾或患有多种残疾的个体的数量要少得多（Vanderheiden，1990）。尽管设计需要从多维度考虑，但整个设计过程中会出现难以迁就这部分人群的情况。此外，从经济角度讲，设计出的所有东西都可以供所有人使用是不合理的。同样地，为每一种主要的消费品进行特殊设计以适应不同的残疾群体，也是不合理的。为满足那些大众设计不能满足的需求，一些特殊的辅助设施仍是必要的。因此，将残疾人和非残疾人的差异性和需求纳入考虑范围，设计出更具可及性的大众商品，似乎是最好的也是最经济的方法。

按受欢迎程度排序，Vanderheiden（2019）提出了以下四种可以提高产品可及性的方法：

- 直接可及性，即针对功能障碍者，在最初的产品设计阶段进行设计修改。这可以显著提高产品可及性及实用性。例如 Apple 计算机上的“鼠标键”可访问选项，允许用户使用数字小键盘而不是鼠标在屏幕上移动光标。
- 通过标准选件或附件（制造商提供）进行无障碍获取，即在无法设计使某些残疾人能够直接使用的标准产品的情况下，为标准设计提供改进或替代方案。例如为微波炉控制面板上每个按钮周围设计凸脊，并使用具有某种类型的触觉识别按钮功能，以此取代不易通过触摸区分的普通按钮。
- 与第三方辅助设备的兼容性，即在大众市场制造商与辅助设备制造商之间建立合作，以多种方式促进第三方制造商的工作，包括使用标准方法、提供适当的连接点、预先使用新版本的产品、提供技术帮助，以便正确地将附件安装到产品上。例如将键盘保护罩和键盘配件在标准计算机和备用输入设备之间设计为相互兼容，以适应不同需求。
- 简化定制修改，即当所有其他方法均被证明不切实际或不经济时，最好的解决方案可能是对产品进行定制修改。例如为身体有缺陷的驾驶员改装汽车。

除了 Vanderheiden 提倡的四种方法之外，我们还需关注到以下事实：由于极端残疾，上述方法均不起作用的情况下，受影响的人始终有必要得到护理人员的部分或全部帮助。

根据 Feeney 和 Galer（1981）的研究，我们找到针对残疾人所面临的问题（以多种形式出现）的通用人机工程学解决方案的主要困难与设计目标、人群分类和人体测量有关。

· 目标的设定基于两种方法。第一种方法指出，身体残障人士的能力或特点各不相同，因此他们需要特殊的设置才能使用专为非残障人群设计的标准设备。因此，市场上有许多小工具和改装产品，使残障人士能够使用为非残疾人设计的标准设备。第二种方法指出，如果在为所有用户设计产品和环境时，将残障人士的要求和能力纳入设计解决方案中，那么使用特殊辅助工具和改装的需求将消失，残障人士也将更好地融入社会。当然，第二种种方法也有它的局限性，因为在某一方面完全失能的人总是需要特殊护理。另外，患有更常见功能障碍的残障人士则可以采用“通用设计”方法。

· 目前对人的损伤的分类是用医学术语描述的，尽管这足以识别和规定医学和治疗程序，但并未为人机工程学家和设计师对损伤者的身体和心理能力评估提供依据。

· 对残障人士的身体尺寸的测量和分析非常困难，因为他们会出现骨骼的畸形和变异。因此，通常应用于普通人群的参考点是不适合残障人士的，而且他们身材和形体的改变也无法预测。

从为残障人士的设计角度来看，不同残疾状况的人很难执行类似任务。在这种情况下，可以这样推测，设计师将识别残障人士执行任务过程中出现的困难的共同之处，应用于克服一部分个人缺陷的通用解决方案，这也可以帮助其他具有不同缺陷的人。确定通用解决方案对设计师和制造商的意义在于，可以开拓出一个较大的市场，让产品制造过程更经济，使研发投资新产品成为可能。Kumar（2009）得出结论：“鉴于残疾人口的规模和重要性（由于老龄化，创伤或疾病导致的残疾），广泛使用康复人机工程学不仅在经济上可行，而且是有利可图的。”

Cushman 和 Rosenberg（1991）指出，

一般而言，包括残疾人在内的设计解决方案有以下四类：

- 提高对显示器和控件的可及性。例如增大显示器和控件上的字体大小，使用具有高对比度和宽视角的显示器，将控制面板放置在产品的正面，等等。
- 简化产品操作。例如设计师通过提供适当的任务帮助（例如适当的标签、操作顺序图和象形图），使产品的操作更明了，简化用户手册，最大限度地降低认知要求，等等。
- 为感官提供冗余信息。例如同时使用视觉和听觉来传达相同的信息，同时使用颜色编码和亮度编码，在可行时提供多种类型的反馈，比如视觉反馈、听觉反馈和触觉反馈，等等。
- 为满足单个用户的需求定制产品。例如增加假体设备以满足特定个人的需求肢设备（例如图像增强器，语音合成器，耳机，触摸屏）；使设备的亮度、对比度和响度可调节，为有色觉缺陷的用户在使用任何类型的颜色编码时提供选择颜色的服务。

正如本书中多次提到的那样，在设计过程一开始就将用户纳入考虑是必不可少的。考虑到通用设计方法，开发新产品的关键点是了解健全和残障用户的能力和局限性。

图 4-1 表示残疾程度的“用户金字塔”（或残疾三角形），代表了所有用户的日常活动以及影响他们的生活程度不同的残疾率。金字塔的底部是无残疾和有轻微残疾的老年用户（例如，体力、视力或听力有所衰退的人群）。中间部分是由于疾病或年龄而有更严重残疾的人（例如，为进行人类正常活动而需要轮椅等某些特殊设备的人）。金字塔顶端是有严重残疾的人（例如，部分肢体几乎没有活动能力的人群）。

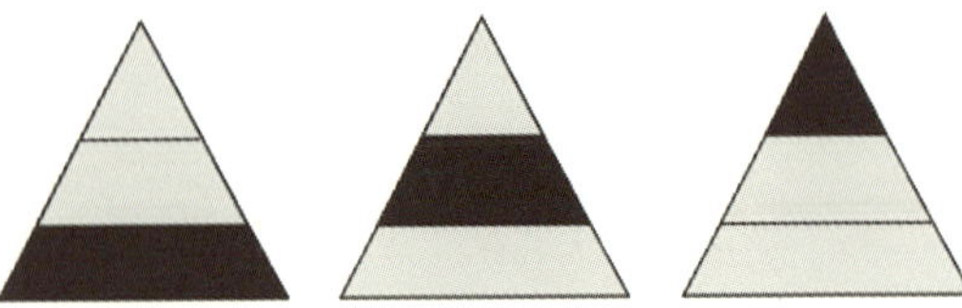

图 4-1　表示残疾程度的“用户金字塔”

4.4 残疾人产品的分类及特点

4.4.1 残疾人产品的分类

ISO 9999—2016 提出了辅助产品，特别是为残疾人生产或一般能为残疾人所用的辅助产品的分类和术语。供残疾人使用但需要他人协助才能操作的辅助产品也包含在此分类之内。消费者事务研究所（1988）提出了残疾人辅助用品分类系统，该分类已成为欧洲联盟的标准（表 4-2）。

4.4.2 残疾人产品的特点

基于 Batavia 和 Hammer 的思想，Kroemer 等人（1994）指出了设计辅助用品时需要考虑的一些特性，这些特性包括以下内容：

表 4-2 残疾人辅助用品分类系统

辅助产品种类	示例
用于治疗和训练的辅助用品	用于吸入性、循环性和透析治疗的辅助设备、激励器、节制训练器材等
矫形器和假肢	上下肢假体、矫形鞋等
包括衣服、鞋子在内的个人护理用品	洗手间用品、温度计、气压计、体重计等
交通和运动辅助用品	助行器、改装汽车、轻便摩托车、自行车、轮椅、残疾人移动式电梯、定位辅助器材等
家用辅助用品	烹饪、洗碗、饮食、内务清洁、缝纫、修补辅助器材等
房屋和其他场所改建用品	桌子、灯具、椅子、床、配套器械、门窗开关、安全设备等
通信、信息信号传送辅助用品	盲文及其他类似系统、机械手和机械臂、光电辅助设备、写作、阅读、绘画辅助工具、电话、试听辅助设备、助听器、警报系统等
处理其他产品的辅助用品	开箱器、增高器、下巴操纵杆、遥控辅助设备、按钮、旋钮、门闩和手柄、握把和支架等

经济承受能力，即购买、维护和修理辅助用品给消费者造成经济困难的程度。

可靠性和耐用性，即设备在长时间内以可重复和可预测的准确度运行的程度。

人身安全保证，即设备不会对用户或其他人造成人身伤害。

便携性，即设备运输到不同地点并在不同地点操作的方便程度。

易学性和可用性，即消费者可以达到轻松学习使用新接触的设备并可以轻松、安全和可靠地将其用于预期目的的程度。

身体舒适度和个人可接受性。身体舒适度即设备提供舒适度的程度，或至少使用户避免疼痛及不适。个人可接受性即人们愿意在公共或私人场所使用它的程度。

灵活性和兼容性，即设备可以通过选项扩展的程度以及与当前或将来使用的其他设备进行交互的程度。

有效性，设备在相应程度上提高了用户的能力、独立性，改善了用户主客观情况。

易于组装和维护，即在产品的组装和维护过程中不需要超过能接受强度的活动，或出现理解上的困难。

易于维修，即有易于更换的零配件，客户或供应商维修设备的可获得性。

>> 本章小结

- **英国的残障人士数量约为 656.1 万人。其中超过 50 万人需使用轮椅。**
- **制造商开始认识到大量残障人士对大众市场产品的重要影响。**
- **当一种产品特供于残障人士时，残障人士的经济购买潜力会大大降低，因此该产品可能不会引起足够多的设计师关注。**
- **不论是身体健壮的人还是残障人士，在年龄、尺码、身形、体重等方面都存在差异，这使得设计出满足所有人需求的产品实际上是不可能的。**

- 在为残障人士设计产品时，同时也需考虑健全人士的需求，反之亦然。尊重两者的差异性和需求，以规避标准化的市场把残障人士与身体健全的人细分开的营销问题。
- 供残障人士使用的产品通常会在一部分健全人士和老龄化人群中被广为接受，尤其是这些产品不带有“残疾”污名的情况下。
- 尽管老年人和残疾人的需求在设计过程中都会被考虑到，但不可能设计出的所有产品和设施都能为每个人所使用。
- 轮椅设计的人机工程学方法必须包括从生理评估到行为评估的多种技术。
- 人机工程学家和工业设计师的方法论都将有助于满足用户需求，并应包括以下方面的内容：a）与身体尺寸、体力负荷、功能需求、姿势、主观评估和产品安全性有关的数据；b）包括转移、驾驶、就座、制动、折叠和装载在内的任务；c）轮椅使用的环境。

5

基于用户需求的产品设计和制造方法

5.1 一般考量

时代变了，因此产品也在变。实际上，产品从过去到现在一直在不断地发展。例如，微波烹调的出现体现了食品工业实现了从传统到现代的转变；早期的汽车和电话功能单一，目前其功能复杂。产品从传统到现代的转变通常是渐进的，并且可以掩盖产品开发中对新方法的需求，包括新的制造和管理方法以及技术手段。

生产制造通常定义为大规模地将原材料转化为产品的过程。现代制造业拥有轻松、快速和经济地完成这种转换的基础。而产品质量是全球企业用来保证其产品优势和保持其竞争力的强有力的工具。

正如本书先前所引用的，此处采用的质量这一概念是基于用户的，如 Juran（2016）所定义的，它包括满足消费者指定需求的产品功能，从而提高消费者的产品满意度。

质量是一个含糊不清的术语，在不同的使用语境中，很容易被误解。在日常会话中，它的同义词从奢华、优点到卓越、价值变动；在学术文献中，质量的概念随着使用群体的不同而变化。每个群体都有不同的系统框架和术语。从基于用户、产品、制造的角度，营销人员、工程师、制造商对质量有着不同的解释，这种不同经常会导致冲突和严重的沟通障碍。为了克服这个问题，我们需要从一个更宽广的视角来定义质量这个概念。当描述产品质量的基本要素时，所有的要素都是模糊的和不精确的（Garvin，1988）。

Garvin 确定了质量的八种基本要素，主要内容如下：

- 性能：产品的主要操作特性。例如汽车的加速、操纵、巡航速度和舒适性，电视机的声音、图像清晰度和色彩等。
- 特征：补充产品基本功能的次要特性。例如在洗衣机和自动调谐器上使用的织物周期，彩色电视机上的立体声等。
- 一致性：产品的设计和操作特性与预定标准一致。
- 耐用性：产品在其物理性能退化或必须被更换之前的使用量。
- 可靠性：产品在特定时间内出现故障或失灵的可能性较小。

· 可维修性：产品维修的速度、服务、范围和简便性有一定保障。
· 品质认知度：由从产品各个方面推断出的间接感知组成，例如产品的形象和声誉。
· 美感：产品的外观、给人好的感受的特征，包括声音、口味、气味等。

这些特征代表了不同的概念：可测量的产品属性、用户个人喜好、客观性、时尚程度、商品的固有特征、属性特征等。这些概念的多样性有助于解释不同方法（产品的性能、功能、耐用性驱动的方法，用户对于美学、感知质量的要求的驱动方法，产品生产一致性和可靠性驱动的方法）与质量类别之间的关系。最近，Noor（2019）等人使用 Garvin 的模型对在网上购买服装的客户进行了满意度的调查。调查显示，在整个网上购物过程中，产品的性能、可靠性、一致性和美感是最能影响客户满意度的因素。

一个竞争激烈的市场的快速增长需要公司在运营过程中保证各个方面的质量，而且要在第一时间将事情处理好，并尽可能改进运营中的不足和减少运营中浪费。这种方法被称为全面质量管理法（TQM）。全面质量管理法的目标是根据客户需求进行产品开发。有学者提出，客户满意度是公司的重中之重，而提供高质量的产品并不断提高产品质量才能维持较高的客户满意度。因此，毫不夸张地说，对客户和市场需求透彻而准确的理解是成功开发新产品的关键。

客户需求和产品规格对于指导产品设计的概念阶段很有意义。但是，在产品开发阶段的后期活动中，设计团队通常很难将需求与他们面临的特定设计问题联系起来（Ulrich 和 Eppinger，2016）。根据作者的说法，由于这个原因，面向产品生命周期某环节的设计（DFX）方法通常是由团队实践的。其中的“X”可以代表多个质量标准中的某一个，例如可靠性、坚固性、可维修性、环境影响或可制造性。这些方法包括可制造性设计（DFM）、装配性设计（DFA）和自动化设计。

还有一些方法，例如，功能成本分析、故障模型和效果分析、功能树、田口方法、质量功能展开、感性工学等，可以预测到从产品设计阶段到制造过程中的潜在问题。质量功能展开（简称 QFD）和感性工学是基于客户需求评估的两种独特的方法。

5.2 质量功能展开（QFD）

质量功能展开是指基于跨职能团队（市场、制造和工程）的产品（服务）开发过程，该团队采用矩阵分解法将顾客需求分解到产品设计、生产和服务中。有学者认为，质量功能展开将对客户需求的认知作为了解新产品的特征和制定服务策略的透镜，这些服务策略将会影响客户对产品的偏好、满意度，并最终影响产品销售。

质量功能展开的主要目标是确保客户满意度和明确消费者需求并为其投入。实际上，质量功能展开是一种试图将“消费者的声音”转换为产品需求的方法。换句话说，它将消费者的需求转化为设计目标和设计的主要保证点，以便这些在整个生产阶段被使用。质量功能展开是在产品仍处于设计阶段时确保设计质量的一种方法，它特别适用于复杂的产品设计，不应在公司或供应商的某部门孤立地使用。

在过去十年中，质量功能展开法已被全球数百家公司广泛使用。它于 1972 年起源于日本三菱的神户船厂，随后于 20 世纪 80 年代中期被引入美国，在福特和施乐公司首次应用。质量功能展开现在处于成熟的实施阶段，并且可以说它是一种有效的工具，可以系统地捕获消费者需求，并且在多功能产品开发团队中以结构化方式满足这些需求。质量功能展开法已成功应用于一些不同的行业，如汽车、航空航天、复印机、国防、日用品、电子产品、纺织品、计算机（主机、中程、工作站和个人）和软件行业。

Maritan（2015）、Terninka（1997）、Pugh（1991）、Sullivan（1986）、King（1989）和 Zairi（1993）等许多学者都论述了成功使用质量功能展开方法的案例。据 Sullivan 所记述的，在日本汽车公司 Toyota 推出新货车两年后的 1979 年，质量功能展开法的使用使该公司的启动成本降低了 20%；1984 年进一步降低了 38%，累计降低了 61%。在此期间，由于工程变更次数的减少，产品开发周期减少了三分之一，其质量也得到了相应的提高。

质量功能展开的使用是一种可视化的数据表示格式，该格式由一系列具有相似结构（房屋形式）的转换矩阵执行。尽管质量功能展开基本上可以使用四个“房屋”，但是该数目可能会根据产品的属性和复杂性以及设计所需的详细程度而有所不同。将客户的声音传达到制造过程的四个主要相互链接的“房屋”被命名为：质量屋、零部件设计、工艺规划、生产计划。“如何”项即质量屋（工程特征）的屋顶（一号屋）被转换成了二号屋的 WHAT 项，注意到这点是非常重要的。反过来，零部件计划屋（二号屋，零部件特征）中的 HOWS 项也被转换成下一房屋（三号屋）中的 WHATS 项。以下是对构成质量功能配置的质量屋（一号屋）的概述。因其余质量屋（二号、三号和四号屋）涉及生产过程，而不是产品设计阶段，所以接下来就不详细分析了。

质量屋

构成质量功能配置的质量屋，可将顾客需求和期望的、特定的产品特性联系起来。质量屋是一个可以用来为工程师总结基础数据的方式，代表了客户对营销团队的心声，且对管理者来说是一个发现战略性机遇的方法。质量屋鼓励所有的团体共同努力，以了解彼此的优先事项和目标。

质量屋设计过程中最重要的步骤是第一步：捕获用户需求。从合适的“消费者”那里获得准确的“声音”对于质量功能展开法的成功运用至关重要。质量屋的设计分为七个不同的阶段。后文将对质量功能展开法进行更详细的讨论。附录有一个部分完成的质量功能展开表格示例。

第一阶段：识别用户需求

该过程通过确定用户对产品的需求，建立起一个相对优先的开发选项。这将生成一个“内容列表”，成为用户需求组件的基础（图 5-1，组件 1）。

用户需求由消费者用自己的话语来表达，它多源自市场研究和对竞争对手的分析，以用于描述产品和产品的特性。附录展示了用于轮椅设计的质量功能展开矩阵，它表明了质量屋的基本概念。一个典型的项目中有 30 到 100 个用户需求，例如：“减少轮椅的质量”“生产可折叠的轮椅”“允许轻松穿越崎岖的地形”“轮子易拆卸”等。其中一些要求可能包括对调节器的要求（侧面碰撞时的安全性）、对零售商的需求（易于展示）、对于供应商的需求（满足装配和服务的要求）等。第一阶段的准确性和质量保证对后续工作至关重要，这也是最困难的阶段，因为它需要获得用户的真正的需求，而不是开发团队所认为的用户需求。

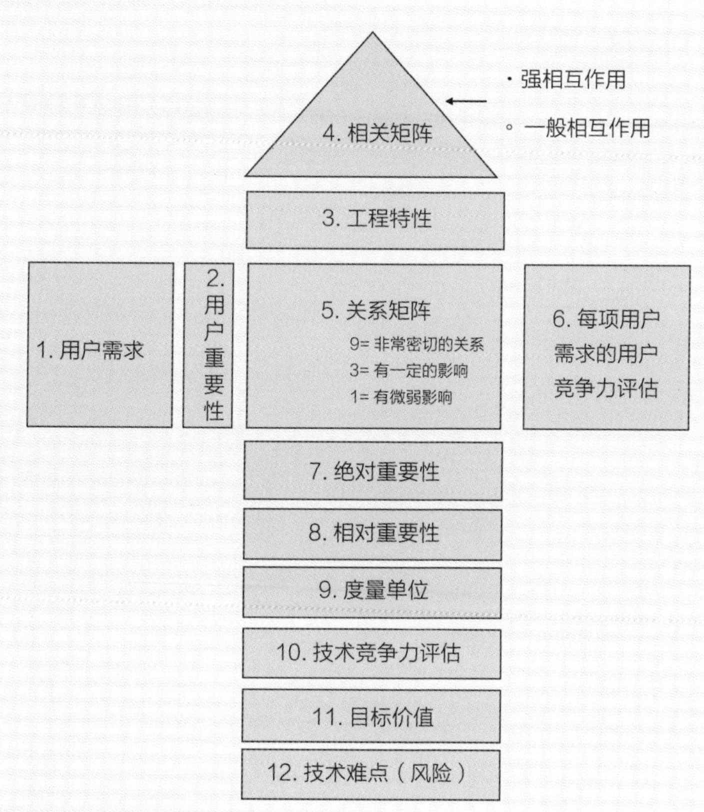

图 5-1　质量屋的组成

第二阶段：将相对重要性权重分配给用户需求

权重，即用户需求的优先级，对于用户来说不同的需求的重要程度是不一样的。要满足用户的需求，设计人员必须权衡利弊。我们可以使用统计方法统计用户对现有产品和假定产品的偏好。

第三阶段：确立产品特性

用户的需求通常是主观的，有助于我们理解用户到底需要什么。但是，用户几乎没有提供任何有关如何设计的指导（Ulrich和Eppinger，2016）。第三阶段，即以设计者或工程师的语言描述用户需求。该团队制定了产品或服务的可度量的方面，如果对这些方面进行修改，将影响用户的感知，从而生成设计属性的“方法清单”。产品或工程特性或要求取决于产品的用途。矩阵顶部是影响一个或多个用户属性的那些技术特征的列表。这些特性，被命名为工程特性（ECS，图5-1，组件3），这将发展为后续的产品设计和工艺发展的基础，必须以可评估的术语来描述。工程特性将通过设计、制造、组装和技术援助，使该产品的最终性能满足用户需求的这样一种形式来部署。

第四阶段：建立不同工程特性之间的关系

质量屋的屋顶是相关矩阵（图5-1，组件4），用于指定工程特性之间的关系。它可以帮助设计团队或工程团队列举必须同时改进的几个工程特性及其相互之间的关系。当设计师或工程师需要在用户利益方面权衡取舍时，可以通过交叉验证识别关键信息。

第五阶段：设计关系矩阵

质量屋的主体部分——关系矩阵（图5-1，组件5）标明了设计属性或工程特性项对用户需求的影响程度。不同的数字表示不同的相关性程度（9代表强相互作用，3代表一般相互作用，1代表弱相互作用）。项目团队将根据经验、用户反馈、统计研究或受控实验，以协商一致的方式建立评估。每个工程特性的绝对和相对重要性（图5-1，组件7和8）将被标明。关于如何确定绝对重要性和相对重要性的详细信息见第 6 章。

第六阶段：识别客户认知和服务投诉

第六阶段是利用用户偏好图，确定竞争力的大小，以获取公司内部和竞争对手的产品以及与每个用户需求相关的服务投诉之间的用户认知（图 5-1，组件 6）。理想情况下，这些评估是基于营销团队对客户进行的科学调查。关于质量屋的这一环节可以直接评估产品拟议的规范，并确定内部产品在竞争中的潜在定位。此过程可确定产品的优缺点，并提供改进的机会。

第七阶段：评估竞争对手

每个工程特性都有其度量单位（图 5-1，组件 9），在这个阶段，团队需要将每个产品的工程特性与竞争对手的技术指标进行比较。

第八阶段：定义技术难度和客观目标值

一旦团队确定了用户的需求并且将它们与工程特性关联起来，总结每个工程特性的目标值（图 5-1，组件 11）和改变设计属性或产品特性 / 工程需求的技术难点（图 5-1，组件 12）都呈现在质量屋的底部。

至此，质量功能展开的质量屋已完成。值得注意的是，矩阵的详细结构会根据不同产品而变化。

质量屋建成之后，质量功能展开将继续进行，使用户心声传达至制造过程的其他房屋并被设计出来。这些房屋和质量屋具有相同的结构，也是从“如何”这一阶段进行到“是什么”这一阶段（图 5-2，Ⅰ）。其总结如下。

零件部署

质量功能展开的第二个“房屋”（图 5-2，Ⅱ）将工程特性与限定零件特征所需的设计制造关联起来。从质量屋中的“如何”选项分析，可使一个工程特性（例如，“铝管中的偏转系统”转变成零件特征，即零件部署屋中的“是什么”选项。

工艺规划

质量功能展开的第三个“房屋”（图 5-2，Ⅲ）将操作与实施决策联系起来。之前的“房屋”——零件部署屋中的“如何”项成为该矩

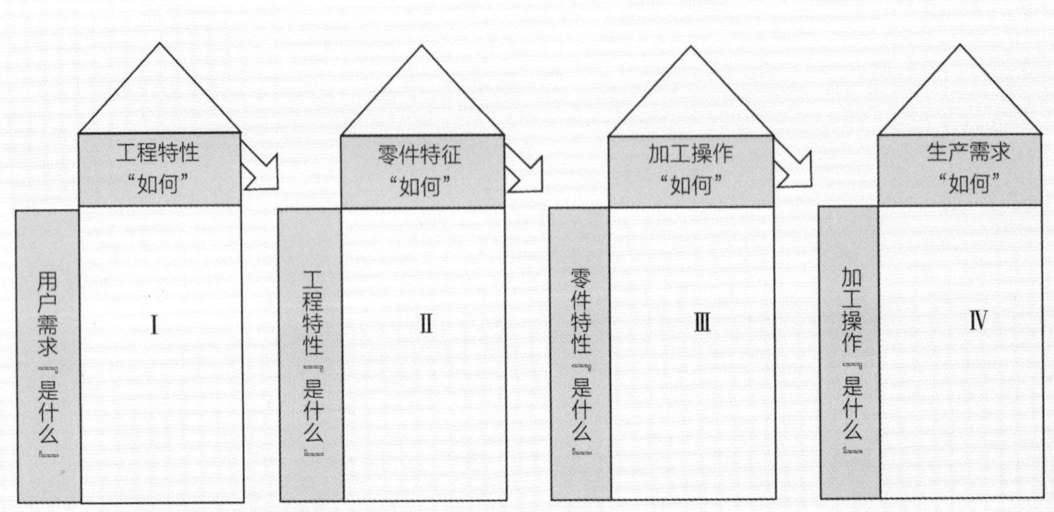

图 5-2　质量功能展开关联房屋转换过程

阵中的“是什么”项。例如，零件部署屋中的“管道中间和末端的柔性接头”（“如何”项）将分配在工艺计划屋的纵列（“是什么”项）。该“房屋”的“是什么”项部署重要的工艺操作，例如“在管道的每个尖端上打一个孔，并在每个导管的末端插入一个螺钉”，即矩阵的“如何”项。

生产计划

最后，第四个“房屋”（图 5-2，Ⅳ）以详尽的操作要求将制造过程与生产计划联系起来。关键过程的工艺操作，如“在管道的每个尖端上打一个孔，并在每个导管的末端插入一个螺钉”，成为“是什么”项，生产需求即操作员培训等成为“如何”项。

质量功能展开实施的成功与否与团队的组织密不可分。我们要克服在团队成员间保持沟通和保留冲突性的目标中出现的所有困难。在实施质量功能展开法时，另一个需要考虑的重要因素是支持工具。产品开发过程通常详细而复杂，以至于没有人能理解全部内容，并且质量功能展开法的实施会因缺乏合适的工具，比如一种计算机应用技术来贯穿信息迷宫从而能指导整个团队，而使项目进展得磕磕绊绊。

5.3 感性工学

如果不参考感性工学（Kansei Engineering），那么就没有一种以用户为中心的设计研究方法的讨论是完善的。感性工学是以消费者为导向的产品开发技术，旨在将客户的感知、感受和心理表象转变为有形产品（Nagamachi，2016；Nagamachi，1995）。当消费者想要购买某种产品时，他用诸如“华丽、美丽、结实且价格便宜”之类的词表达了期望。感性工学能够将这些词语的心理含义阐明并转移到产品设计的细节中。

根据 Nagamachi（2016）的说法，kansei 是日语单词，英文中没有相对应的单词。与 kansei 最接近的翻译可能是感觉、感性和舒适感，但它们都不能恰当地表达 kansei 的意思。因此，感性工学保留日语 kansei 一词的使用。

感性工学除了帮助用户选择符合他的感觉期许的产品外，还为设计师提供了一种将消费者的感觉和设计联系起来的工具。为将感性工学和设计细节联系起来，我们必须进行多次分析实验，以确定哪些类型的外观和功能会产生哪种感觉。感性工学的设计方法已被应用于时装设计、汽车外观、汽车内饰和办公椅设计。

>> 本章小结

- **竞争激烈的市场中，公司要实现快速增长，需要其在运营过程中保证各个方面的质量，而且要在出现问题的第一时间将事情处理好，并尽可能消除运营中的不足和浪费。**
- **用户满意度是公司的重中之重，它是通过提供高质量的产品并不断提高产品质量而获得的。**
- **用户需求和产品说明书对于指导产品设计的概**

念阶段很有参考价值。

· 质量功能展开是一种将客户需求转化为设计目标和保证设计要点的方法，可应用于整个生产过程中。

· 质量屋是应用于质量功能展开法中一系列转换矩阵中的第一个矩阵，也是从人机工程学和产品设计角度来看最重要的一个，它能将用户需求和特定产品特性联系起来。

· 质量屋建成之后，质量功能部署将继续进行，使用户心声传达至制造过程的其他“房屋”并被设计出来。

6

以用户为中心的产品设计方法

6.1 一般考量

本书的前几章揭示了一些重要发现，这些发现表明，产品设计需要以用户为中心。笔者在拉夫堡大学读博期间，对轮椅设计者、处方医师（物理治疗师和职业理疗师）、康复工程师、用户和护理人员进行了大量的调查，以了解他们对轮椅设计、评估、规范和使用的看法。结果显示，调查中的大多数设计师都是基于对用户期望和需求的假设进行设计，而不是在设计过程中考虑直接用户、护理者或处方医师的需求。对于一般消费产品的设计师而言，在这一点上轮椅的设计师的做法并没有太大不同。

设计师应将对轮椅设计、供应、说明和使用过程中涉及的利益相关者进行的实地研究结果的主要特征放在一起，以突出以用户为中心的方法需要克服的不足。下文所述特征仅是可以为大规模生产的轮椅设计方法做出某种贡献的特征。值得注意的是，尽管此方法最初是为轮椅设计而设计的，但它可应用于任何消费产品的设计过程之中。

针对设计师进行调查的结果分析

几乎所有参与调查的设计师都是基于对用户期望的假设进行的设计。样本中发现的大多数轮椅设计过程都可以认为是传统的。此外，由于设计没有采用系统性的方法，设计师对产品使用和性能的预测可能与用户的期望不符。

调查显示，受访者所采取的设计方法在不同的公司之间存在显著差异：有些是系统的，有些则不是。接受调查的绝大多数设计从业人员都不具备从事工业设计的相关教育背景。

尽管受访者认为人机工程学对轮椅设计至关重要，但其在轮椅开发过程中真正有效应用人机工程学的目标尚未实现。

在对这些设计师的设计过程的分析中确定了两种主要的错误类型：“遗漏错误”和“委托错误”。

一般而言，遗漏错误在于：a）设计过程缺乏系统的方法；b）在各个设计阶段未考虑用户的需求。当负责为有严重残疾的人士而设计产品的小公司，没有让医疗领域的其他专业人员来参与克服沟通问题时，遗漏错误也就出现了。

在设计过程的部分或整个阶段。一些公司未能执行设计规范，例如识别用户需求、评估竞争产品、建立用户档案、定义产品性能需求以及设计约束条件。

不幸的是，人们发现，用来定义残疾人的身体尺寸和形态的测量数据在文献中几乎不存在。即使设计人员积极地搜索这些信息，他们也注定会失败。这是被调查者给出的人机工程学文献信息使用率低的原因之一。

研究者通过分析发现的主要委托错误在于：经理、技术人员和设计师是在没有用户参与的情况下做出决策的。

在小公司的设计过程中，设计师仅仅咨询技术人员，而不是咨询沟通能力弱或者沟通能力严重受限的用户，这种情况可能会导致对于委托的理解错误。理想的设计过程应包括设计人员、技术人员和健康专家的共同参与，以解决沟通问题。当然，在某些情况下很难采用这种方法。

调查发现，很少有制造商参与研发和生产全新轮椅。大多数制造商宁愿改进现有的轮椅设计，也不愿开发新产品。

所有受访者都强调了成本在设计过程中的重要性。

针对治疗师调查的结果分析

调查样本中的大多数治疗师认为，人机工程学在轮椅设计中对帮助用户起到至关重要的作用，主要有几方面：a）有高水平的功能效率，可节约能源并最大限度地减少用户的工作量；b）确保轮椅的特性并能满足用户的个人需求和个性化的生活方式；c）改善用户和看护者的姿势、活动方式和舒适度。

大多数受访者指出了评估用户和规范轮椅设计的过程中的不足，例如：预算不允许用户获得他们理想的需求，或者预算限制了轮椅使用的范围；法定机构所提供的设备的限制；在设计和交付之间的漫长等待时间内，用户的状况可能会发生变化；标准轮椅不符合用户需求；设计过程中没有考虑到护理者；复杂的系统设计使成品价格超出了大多数用户能接受的价格范围；拙劣的轮椅设计会导致用户的拒绝使用。

评估用户和规范轮椅设计的过程中出现的不足对轮椅设计的改进有一些启示，例如，许多现有轮椅缺乏适应性、互换性和可调节性。

样本中有一半以上的治疗师表示，他们从未正式收集用户对在交付之前被指定给他们使用的轮椅的看法。

在收集了用户对轮椅规格看法的受访治疗师中，绝大多数表示这些意见将被反馈给设计者和制造商，例如，用户在使用头枕时遇到的困难、改善扶手设计的需求、各个部件缺乏可调节性等问题。

他们至少有一次就轮椅相关问题与制造商联系。他们中的三分之二回答说，他们不确定制造商是否注意到他们所提的建议，或者制造商是否因为这些建议对轮椅进行了任何改装。

样本中的大多数治疗师表示，尽管他们从未与一家批量生产轮椅的公司合作过轮椅设计，但他们希望参与其中。治疗师可以提供诸如以下方面的贡献：a）报告用户在日常使用、家庭和工作场所中的需求；b）提供用户评论和问题的反馈；c）明确临床需求，例如活动分析、功能能力、姿势；d）评论技术问题和设计特征。

几乎三分之一的受访者认为，市面上轮椅的设计并未考虑到残疾人的各种需求。他们认为，现有的轮椅存在价格昂贵、笨重、老式且缺乏吸引力、尺寸不兼容、不容易使用、技术落后等问题。

针对康复工程师调查的结果分析

受访者指出，在评估客户和轮椅规范的过程中，轮椅的设计有一些不足之处，例如，许多轮椅缺乏适应性、互换性和可调节性。

近一半的康复工程师表示，他们并未正式收集用户对被指定给他们的轮椅的看法。

尽管康复工程师和制造商之间已经建立了沟通，但大多数受访者接受采访时还没有意识到有必要向设计者和制造商告知用户的观点。

三分之一的受访者表示，制造商没有注意到或不确定制造商是否注意到他们所说的话，从而对轮椅进行了任何修改。

绝大多数受访者从未参与过一家批量生产轮椅的公司的设计过程，但他们愿意参与其中。他们认为他们的主要贡献包括：a）提供从用户的实际经验中获得的信息及其用户需求；b）提供技术支持，包括座位、姿势管理和人机工程学方面；c）提供有关用户所遇到问题的反馈，包括提出设计解决方案；d）就设计适合性提出建议；e）参与产品评估和原型试验。

几乎一半的受访者表示，市面上的轮椅设计并未考虑到残疾人的各种需求。他们认为，市面上轮椅的设计缺乏对用户需求的了解，也许是因为设计师没有征求残疾人的意见。通常有以下几类设计问题：a）椅子的价格很高；b）标准模型缺乏可调整性；c）没有足够的现场试验来解决设计缺陷；d）用户调查仅针对年轻的活跃用户；e）轮椅很重；f）几乎没有轮椅进行过碰撞测试。

针对用户调查的结果分析

调查中大多数轮椅使用者具有以下特征：

a）他们年龄均超过 45 岁，其中三分之一以上年龄超过 55 岁；

b）患有神经系统疾病；

c）居住在市区或乡镇；

d）他们乘车外出时会带上轮椅；

e）他们在过去的一年中使用了某种形式的公共交通工具，例如飞机、城际列车或当地火车、出租车或公共汽车；

f）他们有两个或两个以上的轮椅；

g）他们已经使用轮椅超过十年了；

h）他们拥有手动自推式轮椅，这是他们最常用和次常用的轮椅；

i）他们通过英国政府机构获得了目前最常用和次常用的轮椅；

j）他们拥有其现有轮椅不到五年；

k）他们的两个轮椅都有坐垫（最常用和次常用的轮椅）；

l）他们每天使用主轮椅；

m）他们每天在室内使用主轮椅的时间超过五个小时。

在过去的一年中，他们的主轮椅出现了轮胎被扎破、断电、电气故障、刹车故障或扶手断裂等问题。

安全性、舒适性、可靠性、适用性和可被重量影响的便携性被用户视为轮椅的五个最重要的设计特征。

就安全性、易用性、稳定性、可操纵性、适用性和可靠性而言，受访者将自己的轮椅设计评定为“非常好”或“很好”，尽管未能达到他们预期的满意程度。

就购买成本、维修成本、配件供应、维护成本、可调节性、易维修性、美感和可被重量影响的便携性而言，受访者将自己轮椅的设计评定为“中等”“差”或“非常差”。

受访者认为设计个人购买的轮椅时要考虑到残疾人的需求，而英国政府机构发放的轮椅却没有。

受访者表示，他们从未参与任何一家批量生产轮椅的公司的轮椅设计过程。

针对护理人员调查的结果分析

调查中的大多数护理人员具有以下特征：

a）他们年龄均超过 35 岁，其中近四分之一年龄超过 65 岁；

b）他们每天协助用户使用轮椅；

c）在回答问卷时将自己的健康状况评为“一般”“差”或“非常差”。由于协助用户坐轮椅，他们常常下背部、臀部、中背和右肩区域感到疼痛。

将安全性和可被重量影响的便携性视为轮椅设计的最重要特征。

就安全性、易用性、稳定性、可靠性、坚固性和适用性而言，受访者将他们所协助的轮椅用户所使用的轮椅设计评定为“非常好”或“很好”，尽管未能达到他们预期的满意程度。

就购买成本、维修成本、配件成本、维护成本和外观美感，受访者将他们所协助的轮椅用户所使用的轮椅设计评定为“普通”“差”或“非常差”。

受访者认为英国政府机构发放的轮椅并

没有考虑残疾人及其护理人员的需求。

受访者从未参与任何一家批量生产轮椅的公司的轮椅设计过程。

下一小节中笔者将讨论的方法旨在消除上文强调的问题。值得注意的是，某些方面，例如成本和制造过程，本书并没有深入介绍。该方法主要关注与人机工程学和产品可用性相关的方面，使产品适应轮椅用户的需求和能力。同样，再次强调，尽管本书将这种方法用于轮椅设计，但通常可以将其用于任何一般消费品设计过程中。

6.2 以用户为中心的产品设计方法

以用户为中心的产品设计方法可用于任何消费品的设计。“以用户为中心”意味着用此方法设计出的产品应尽可能覆盖最广泛的用户，并能够适应特定用户的需求。

该方法可以给设计师提供一份循序渐进的指南，以在某种程度上帮助他：a）在不同的设计阶段中就几个设计提案做出选择，从而减少设计难度，减少不受支持的决定向前推进的可能性，并让团队的其他成员了解决策依据；b）获取有关使用各种数据库收集技术的信息；c）采取一系列关键步骤，以确保设计师在设计过程中考虑了相关的设计问题；d）编辑制作各设计阶段的文件，以促进决策，并供日后参考和培养设计团队的新成员。此方法提及的设计团队包括工业设计师和人机工程学专家。其他专业人员，如机械、制造和生产工程师、财务、市场和销售人员以及管理团队应在产品开发的多个阶段中与设计团队进行互动。

此方法必须被视为一个动态的实体，能够被修改并不断地改进。这意味着该方法的某些组成部分可被调整和改进，以符合打算使用它的公司的组织特征。

整个方法在本书的阐释中将以在室内和室外使用的电动轮椅为例。该示例和项目情况是虚构的，其目的是阐明方法论的各个步骤和设计师所面临的情况。在设计周期的不同阶段中协助设计师的多种适用方法都已被发现和总结出来。其他设计方法对于你所面临的设计问题也可能是适用的，因此，我们也可以针对特定情况选择其他设计方法。

在当前的方法中，我们可以将轮椅理解为“系统”。根据 Chapanis（1996）的观点，

“无论复杂程度如何，系统都是为了共同的目的而设计的，是人员、材料、工具、机器、软件、设施和程序相互作用的组合”。因此，轮椅是包括产品本身、轮椅用户及其护理者的“系统”。轮椅“系统”可被分为多个“子系统”，例如“座椅子系统”“靠背子系统”“运动子系统”“制动子系统”等。“子系统”可以由更小的单元组成，这里称为“组件”。在“运动子系统”中，有许多可识别的组件，例如轮子、椅架、发动机、连接件。轮椅中一些子系统及其组件是工业设计师介入的一部分，而其他子系统则与机械或电气工程师有关。

以用户为中心的产品设计方法包括 12 个阶段，图 6-1 为该方法主要阶段的流程图。包括设计者在内的多方人员都参与了初步战略规划。工业设计师直接参与的有以下 6 个阶段：接触用户、调查问题、产品规划、概念设计、原型设计、测试和检验。作为设计活动的一部分，当前的方法论将对这些阶段进行详细分析。其余涉及产品生产、制造和组装、推销产品和用户支持的过程等内容，将不在本书中讨论。

6.2.1　初步战略规划

产品开发方法的第一阶段通常包括公司董事做出的一系列决定。这些决定贯穿了整个产品开发过程。通常，设计师很少直接参与这个早期阶段。

此阶段由若干战略决策组成，包括以下内容：

- 定义新产品的商业计划。例如，一个良好的商机使公司有机会出售足够数量的产品，以超过其开发成本并产生其他经济效益。
- 定义新产品与公司其他产品之间的关系。例如，指出新产品将为公司提供比现有产品明显的收益，并且新产品与公司竞争对手之间将有明显的产品差异。
- 定义产品开发规划相关的费用。
- 制定产品开发过程的时间表。时间表包括从开始产品开发规划到用户最终获得产品之间的时间计划。
- 根据公司商业计划以及竞争对手类似产品的市场定位的分析，制定产品创新的初步指导方针。
- 考虑到公司现有技术以及对新产品相关的

新兴技术的需求，对适用技术进行定义。

· 确定产品的目标市场，即根据产品要占领的细分市场进行商业机会分析。

· 确定竞争性产品，即找出当前市场上具有相似特征的产品及这些产品各自的特点。这将为进一步分析和评估竞争产品提供数据。该阶段工作可以由设计师或营销人员执行。这个过程包括收集竞争对手发布的促销材料，也许还包括购买竞争对手的产品以供分析和评估。

· 用户小组的用户选择是与设计过程的下一阶段同时进行的步骤。设计师也将参与此过程，这一内容将在下一小节中详细解释和讨论。

6.2.2 接触用户和其他利益相关者

产品开发周期最重要的一个方面是了解用户。了解用户的需求是证明产品设计可行性的基础。用户包括直接用户（产品使用者本人）和间接用户（轮椅的间接用户是护理人员）。

接触用户的这一阶段将分为以下步骤：

a）调查有关产品直接用户和间接用户的现有信息；

b）建立产品用户和其他利益相关者的档案；

c）联系产品的直接用户和间接用户；

d）选择产品的直接用户和间接用户参加产品咨询；

e）与产品的直接用户和间接用户进行小组讨论；

f）选择用户小组的成员。

（1）调查有关产品用户的现有信息

以用户为中心的产品设计方法旨在用于批量生产的产品的开发。因此，可以假定目前需要进行新产品开发的是一家具有相关经验并在市场上开展了一段时间相关业务的公司。因此，调查产品用户的第一步应该是设计团队调查有关自己公司内部用户的现有信息，例如：

a）公司销售记录，包括维修和更换零件记录；

b）投诉记录；

c）保修数据；

d）之前和当前公司的客户及其间接用户的列表。

这将有助于设计人员了解其公司产品生产的概况、建立产品实际和潜在用户的档案，并生成可以联系的产品直接用户和间接用户的通讯录。

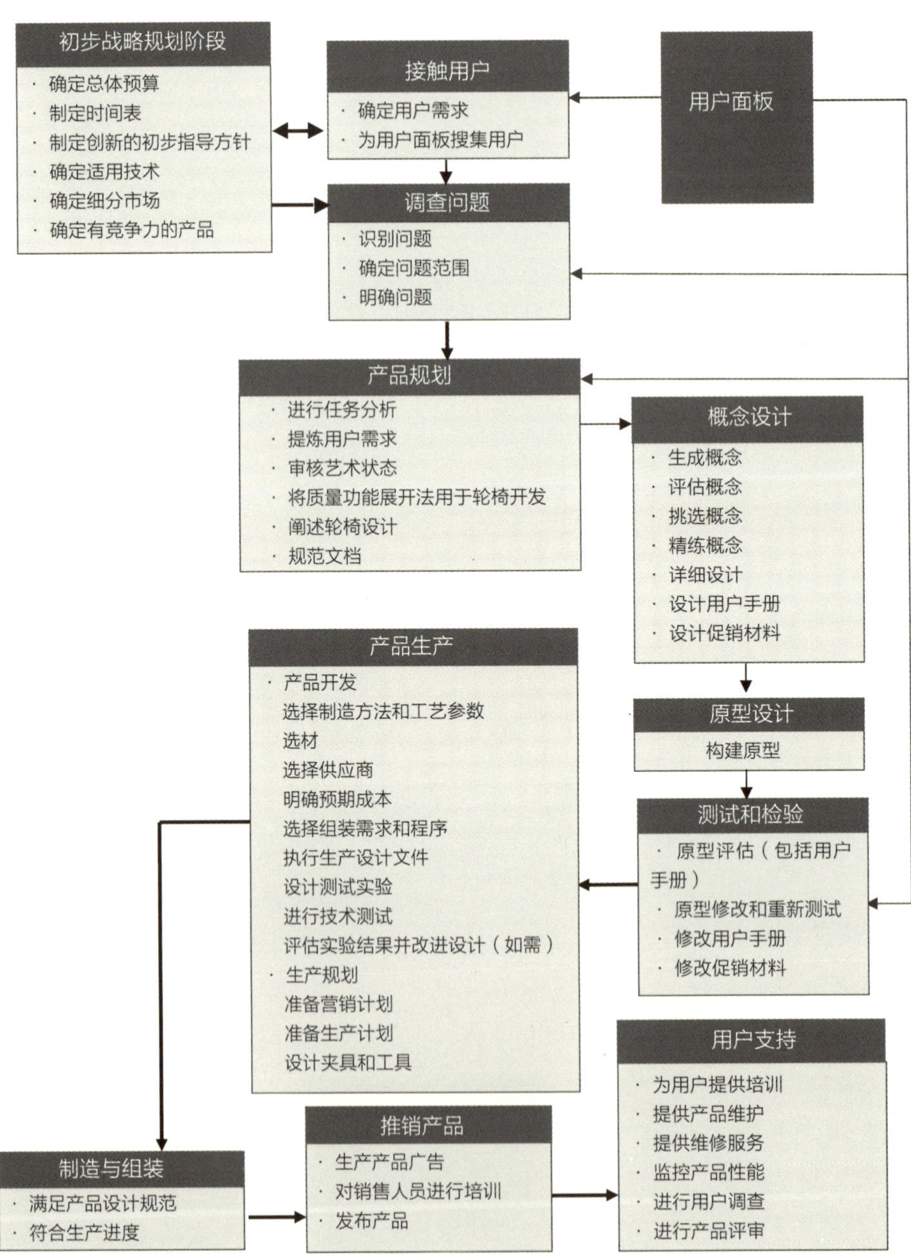

图 6-1　以用户为中心的第一版设计方法

（2）建立产品用户和其他利益相关者的档案

直接和间接用户参与产品设计的理想方案应该是让使用或打算使用产品的每个人都参与设计过程。这将有助于确保产品能够满足每个人的需求。当然，除了将要为个人或少数人生产的那些产品之外，这种方法是不切实际的。就将要大量销售的产品而言，选择参与者的样本是有必要的，其样本可以代表预期的产品终端用户。

理想情况下，在开发新产品之前，公司就应建立起该产品的实际用户和潜在用户的档案。但是，如果尚未完成这一步，设计和营销团队必须将建立档案作为开发新产品的第一步。

产品用户档案

就消费产品而言，终端用户包括大量不同体型、尺码和需求各异的用户。在开发用户档案时，设计和营销团队应捕捉许多不同的特征，包括年龄、性别、教育程度。

如果它是针对残疾用户的产品，应包括残疾的种类（例如关节炎、截肢、呼吸系统疾病、衰老）、身体上的限制（例如下肢、上肢）、其他限制（例如视觉、听觉、认知、言语）和问题（例如动作不协调）。

此外，如果他是轮椅用户，应包括拥有的轮椅数量、使用轮椅的时间长度、拥有的轮椅类型（例如手动自推轮椅、手动辅助轮椅、室内或室外电动轮椅）、所使用轮椅的货源（例如公共或私人市场）。

以上信息可能是公司数据库的一部分，可用于确定公司未来推出产品时的策略，也可能是选择和招募用户参加用户试用的现有资源。需要注意的是，对于搜集用户，例如关注群体和讨论小组，收集某些特殊数据时，使用“典型用户”样本比使用广泛的产品用户群体之中的“代表性样本”更合适。角色法是补充用户分析、活动和环境的方法。这是一种代表具有共同行为特征的目标用户的抽象方法（即真实用户的假设原型）。Brangier 和 Bornet（2011）以及 Miaskiewicz 和 Kozar（2011）对角色法进行过论述。

其他利益相关者档案

除了直接用户本身之外，还有其他利益相关者直接或间接参与某种产品的设计过程。例如，轮椅设计过程需要护理者（间接用户）的参与。

建立间接用户的档案几乎（如果不是同等的话）与指定以产品用户本身的特征为中心的以用户为中心的设计相关。间接用户配置文件中包含的重要数据有：年龄、性别、种族、教育程度、护理人员花费在协助产品使用者身上的时间、身体上的限制。

（3）联系直接和间接用户

除了联系公司数据库中的产品用户外，还需招募竞争对手生产的产品的用户，以保证具有不同产品使用经验、观点和知识的用户参与产品的设计过程。

确定要包括多少参与者

直接和间接用户参与产品设计过程的目的：a）为“初步战略规划”提供输入；b）确定产品直接和间接用户的需求；c）在设计过程中让许多产品直接和间接用户参与其中。

咨询用户以确定用户需求不是研究性学习。让用户参与产品开发的目的是发现用户在使用产品时可能遇到的最严重的问题，并获取建议，以将他们的需求和愿望融入到产品的设计中。

在确定用户需求时，确定联系多少用户是一个涉及金钱成本的问题。Nielsen Norman 设计小组（2019）、Albert 和 Tullis（2013）、Rubin 和 Chisnell（2008）、Dumas 和 Redish（1999）、Caplan（1990）、Griffin 和 Hauser（1993）、Virzi（1992）等人都对这个问题作出了讨论。这些作者一致认为，基于接触用户的方法，以访谈为例，少于 10 次可能是不够的，而 50 次可能又太多。Nielsen Norman 小组（2019）称，通过对五个人进行测试与对更多人进行测试所发现的可用性问题几乎一样多。就焦点小组和讨论小组而言，在少于六个人的情况下，用户的想法和互动可能很少，并且一个或多个健谈的人可能会霸占整个小组的发言权。十个人以上的小组会出现难以控制并难以保证每个小组成员的充分参与的情况。参与者的数量受到所需费用的可用资金、运行此项目阶段的可用时间以及要获取的信息的范围和深度的影响。

在获取用户意见、态度、偏好以及使用产品时其性能表现的报告时，焦点小组会议被证明是一种合适的方法。焦点小组会议是建议在设计过程的早期阶段使用的方法。

设计早期建议召开 3~5 次焦点小组会议。每次会话的总人数应为 6~10 人，产品直接用户与间接用户之比为 4：1。这就意味着总共需要招募约 15~40 个产品直接用户和 3~10 个产品间接用户。

招募参与者

寻找参加焦点小组讨论成员的第一手来源是公司自己的数据库，而让竞争公司的用户成为与会者也很重要。尽管让公司雇用的终端产品用户参加焦点小组会议可以明显降低会议成本，但不建议这样做，有以下几点原因：a）他们可能会感到害怕而不批评自己公司生产的产品；b）由于公司的等级制度和内部问题，公司可能不会让他们参加；c）实际上，因为他们参加焦点小组会议可能比让他们从事普通工作所承受的损失更多。

寻找参与者的主要方式是在当地报亭、超市、中学、大学和社区中心做广告。

理想情况下，根据公司的需求和可用资金，可以在全国不同地区开展焦点小组活动，从有着不同生活方式、居住环境、生活在不同气候条件的人们那里获得各种回应和观点。

除了安排往返会议的交通外，公司还必须为与会人员的提供金额补贴或其他奖励。如果某些残疾人将参加焦点小组会议，那么公司必须详细考虑该地点的可及性，不仅包括开会的房间，还应考虑到当时的环境，如厕所、坡道、电梯、午餐室等。

（4）选择产品的直接用户和间接用户

参与者除了要求具有分析产品的经验和口

头交流的能力之外，没有特别的要求。建议选择“典型用户”的参与，如胖男、瘦女、年轻用户、老年用户、有经验的用户、新手用户等极端人群。参与者的选择应与正在研究的产品种类密切相关。

（5）与产品的直接和间接用户进行焦点小组讨论

以用户为中心的产品设计方法中，每个焦点小组讨论的时间建议为 2~3 小时。焦点小组会议的主要组成部分是设施、主持人、参与者、程序和结果。

设施

在这种情况下，设施可以理解为公司、主持人和小组参与者之间的纽带。良好的设施对于焦点小组会议的成功至关重要，包含而不限于以下方面：

确认参与者是否出席并提供合适的交通工具。

为参与者提供接待区。

确保宽敞舒适的焦点小组讨论的房间，使参与者可以轻松外出，并有足够的内部空间允许参与者随身携带产品。

为每一位与会者指定一个位置，让他们围坐在桌边。桌上放着显眼的名片，以促进与会者之间的互动，并帮助主持人与他们进行交流。

在适当的情况下，在焦点小组讨论过程中为分析竞争对手的产品、模型或原型提供额外的空间。

保证有一个观察室，使公司的主管以及设计和营销团队的成员可以轻松地看到讨论过程。通常使用单向镜或闭路电视完成此操作，重要的是要确保观察者感到舒适，并且声音系统必须让每个参与者说话的声音都能被听到。

如有需要，应在焦点小组讨论时提供显示面板，以显示人物、照片等。

在焦点小组讨论室提供白板或活动挂图，以便主持人在必要时做笔记。

提供适当的办公用具，例如复印机、铅笔和记事本。

提供音频和视频记录工具。

为参加者和观察员提供食物和饮料。

确保讨论期间使用的材料以保密的方式退还给公司。

向参与者提供报酬。

主持人

焦点小组讨论成功的很大一部分功劳归于主持人。主持人应熟悉焦点小组讨论要实现的目标，并应了解所讨论的产品或问题。主持人的职责有以下几个方面。

营造良好的氛围。

设立讨论规则。

确保讨论一直遵循着相关思路。

避免或减少特定参与者的破坏性行为。

使在场的个人思想和意识形态受到保护。

使在场的所有参与者都有机会做出贡献，并且议程不受任何人或团体的支配。

使调查结果尽可能消除偏见。

确保讨论探索的程度和洞察的深度足以实现研究目标。

表现不佳的主持人会发现自己与每个参与者都进行了个人访谈，而很少有促使小组内部的互动发生。如果设计或营销团队内没有成员具有运行焦点小组讨论的经验，那么强烈建议雇用该领域的专家进行焦点小组讨论。

在直接和间接用户的焦点小组中，作为研究过程的管理者，主持人在准备、实施和分组后的过程中应有明确的角色定位。

准备阶段

主持人将与公司主管以及设计和营销团队一起进行以下工作：

制定研究目标。

制定将参与者纳入小组的标准。

确定实现研究目标所需的小组数量以及开展会议所需准备。例如进场通道、食物需求、指导会议成员填写问卷调查的指南等。

使用图片、样机或产品样本进行分析；声明概念并展示想法。

为主持人准备一份指南，列出要解决的问题、与产品相关的话题和使用外部刺激的时间安排。

实施阶段

确保合适的人参加小组讨论。

向将要对小组进行观察的公司人员简要介绍讨论的目的和主持人指南的内容。

进行小组讨论，确保讨论中包括向主持人提供的指南中的所有内容。

按时完成讨论。

分组后阶段

获取与小组讨论时的音频或视频记录。

分析结果。

制作分析调查结果及得出结论的报告。

确保主持人是公司之外的人，他可以意识到提高焦点小组讨论效率的任何信息，包括公司和竞争对手产品的优缺点，以及可能被探索的新想法和新概念，这点很重要。可以考虑使用“助理主持人”来帮助主持人完成一些任务，例如做笔记、负责音频或视频记录、处理环境状况和保障后勤（茶点、照明、座位等），并对意外中断作出反应。

与会者

如果有残疾人参加小组讨论，应该给予他们更多的关注。重要的是，如果他们使用轮椅，必须确保他们在房间内能轻松移动。以下是关于与会者参与焦点小组讨论的其他建议，包括：

面对其他观众，一次一个地向他们尽可能地阐述清楚问题。

如有必要，可以请主持人阐明或重复相关问题。

如果合适，可以随时对正在讨论的任何产品发表评论并表达不满。

即使他人强烈反对你，也要尊重他们的意见，并遵循礼貌对话的正常原则。

步骤

焦点小组讨论的第一阶段至关重要，可能是讨论成功的关键。一方面，过度的形式化可能会限制与会者之间的互动；另一方面，太多的不拘小节和幽默的论调可能导致与会者没有将讨论当回事。主持人有责任创造一个良好的氛围。会议程序应包括以下几方面：

简介。主持人向与会者介绍自己，简要说明会议目的，提醒与会者该会议正在音频或视频录制中；随后，将要求与会者进行自我介绍，这是小组讨论的必要环节。

核心讨论。要求参与者讨论与主题相关的问题，并指导他们确定有关被分析产品的重要信息，包括自身的感受和需求、产品的优缺点，并就如何改善产品质量对产品设计提出建议。必须特别重视用户需求的准确性。

小结。与会者有机会分享有关主题的任何信息。

汇报。主持人应在讨论结束时感谢与会人员并发放酬金。

结论

分析焦点小组讨论的结果是一项非常耗时的活动，这包括数小时的音频和视频的转录。它涉及系统分析，对设计活动有用的形式，收集和处理数据。分析必须是可以被验证的，其他研究人员可使用相同的文档和原始数据得出类似的结论。研究人员必须有能力从几次会议的大量数据中选择和解释研究数据。分析过程涉及以下方面的考虑：a）与会者使用的词语及其含义；b）讨论的语境，包括口头评论的语调和强度；c）由于立场的改变而产生的内部一致性；d）延伸性、频率以及某些评论的强度；e）基于经验的响应的特异性；f）从一系列累积的证据（使用的单词、肢体语言、评论的强度）中推导结论，而不是仅从孤立的评论中得出。

焦点小组的调查结果应以报告的形式陈述。报告内容应包括以下几个方面：

研究目的的描述。

焦点小组讨论的说明。

焦点小组的数量。

选择和招募参与者的方法。

每个焦点小组的人数。

结论、解释和相应措施。

附录。包括焦点小组的提问方式、筛查问卷、其他报价以及按产品组件类别（例如，轮椅：座椅、靠背、手柄、坐垫等）分类的产品用户需求清单。

报告中关于分析的数据应精简。报告的长度应合理，不能过长。

如图 6-1 的流程图所示，接触用户是一项与初步战略规划循环互动的环节。这意味着，初步战略规划定义了一系列将由焦点小组讨论的问题，并如期收到许多反馈，包括确定某些产品模型的优缺点、确定用户需求等。

（6）选择用户小组的成员

如前所述，焦点小组讨论是评估概念、识别问题和确定用户对产品态度的一种极好的方法。但是，焦点小组讨论是在协商的基础上建立的。例如，焦点小组讨论前设计团队、营销团队以及主持人选择讨论主题和评估产品的标准。尽管这在预设计阶段非常有用并且是被推荐的方法，但以用户为中心的产品设计方法还需要用户参与设计过程的其他步骤。不仅是设计前设计师需要“咨询”他们，而且还需要他们“参与”整个设计过程。

任务分析、用户试用、模型和原型评估等关键环节，都需要用户的持续参与。作为一种咨询性质的方法，焦点小组的讨论并未显示用户对产品的实际反映。鉴于此，建议从焦点小组讨论中选择大约 8 个产品直接用户和 2 个产品间接用户组成的小组，以协助设计的以下阶段。这组参与者将被称为用户小组。

对焦点小组的参与者进行观察应该是选择那些提出有代表性建议的人参加用户小组的好方法。选择时应考虑诸多因素，如参与者的批评、观察能力、参与热情以及是否提出有用建议。

用户通常不是技术人员，对产品的工作原理以及对不同材料和组件的适用性缺乏了解，并且对制造过程给设计所施加的限制知之甚少，但让他们参与设计过程是合理的，因为他们使用产品的独特经验可以转化为丰富的、创新性的信息源，从而提高产品的质量和可用性。

根据 Feeney（1996）的观点，在设计和制造过程中，用户的许多实际问题是由制造商和设计师传统观念造成的，而不是需要克服的问题。

为了加强用户小组与设计团队之间的沟通，用户小组的参与者应了解产品是如何设计、制造和销售的，同时也应了解生产过程给设计施加的限制。这样做可以激发用户小组质疑事情的完成方式，并为他们提出新的和有创意的想法和解决方案做准备。

在设计过程的重要环节中，公司应当召开一些会议，以使用户小组能够与设计团队一起参与讨论，并就设计过程中后续步骤的相关问题做出决策。在每次设计评审时，设计师应告知用户小组有关设计的进展，并要求其参与讨论并为后续阶段提出建议。参与设计评审会议的制造商、营销和商业人员将为讨论提供更多的内容、信息输入，并可能有助于提高结果的质量。

应该挑选一位主席，可以是公司的一位董事，来主持用户小组会议。某些决定可能未获得用户小组所有成员的一致同意。必须尽可能通过讨论或修改设计来避免这种情况，以确保设计满足用户小组所有成员的需求。如果这没有实现，那么主席可以视情况做出决定。

除了参加用户小组并帮助解决设计冲突外，产品直接用户和间接用户在测试和检验阶段的参与也是必不可少的。用户的实际参与包括任务分析、用户试用、实物模型、真实数字模型和技术原型的评估和说明手册的编写。其他特殊测试，如人体测量测试，要求受试者有特定体型，招募的受试者也可以作为用户小组的补充。

表 6-1 阐释了设计方法中涉及相关人员的设计阶段，包括用户小组的参与。设计团队和营销团队的成员可以由合格的外部顾问代替参加焦点小组讨论。由于开发、制造和组装、市场产品和用户支持等阶段不是设计过程的一部分，因此后续内容中未对其进行详细描述。

表 6-1　设计过程中涉及的设计阶段

生产阶段	相关人员			
	用户小组	设计人员	营销人员	管理者 / 其他人员
初步战略规划		·	·	·
· 确定商业计划和总预算				·
· 制定时间表				·
· 建立初步创新指导方针		·	·	·
· 确定适用技术		·		·
· 确定目标市场			·	
· 确定拳头产品		·	·	

续表

生产阶段	相关人员			
	用户小组	设计人员	营销人员	管理者 / 其他人员
接触用户		·	·	
· 设计焦点小组		· *	· *	
· 展开焦点小组会议		· *	· *	
· 得出焦点小组会议结果，确立用户需求		· *	· *	
· 为用户小组挑选用户		·	·	
调查问题	·	·		
· 识别问题		·		
· 界定问题	·	·		
· 提出问题		·		
生产规划	·	·		
· 进行任务分析	·	·		
· 细化用户需求	·	·		
· 审核当前技术状态		·		
· 将质量功能展开法应用于产品开发		·		
· 制定产品设计规范文件		·		
概念设计	·	·	·	
· 生成概念		·		
· 评估概念	·	·		
· 挑选概念	·	·		
· 精练概念		·		
· 详细设计		·		

续表

生产阶段	相关人员			
	用户小组	设计人员	营销人员	管理者 / 其他人员
· 制定用户手册		•		
· 设计促销材料		•	•	
原型设计		•		
· 构建原型		•		
测试和检验	•	•	•	
· 实物模型评估	•	•		
· 原型评估	•	•		
· 原型修改		•		
· 原型测试	•	•		
· 用户手册测试和审阅	•	•		
· 促销材料测试和审阅	•	•	•	
产品生产			•	•
· 产品开发				•
· 生产规划				•

备注：* 表示可以聘请外部顾问来管理焦点小组。

6.2.3 调查问题

设计过程中所包含步骤的定义在很大程度上取决于对要解决问题的正确识别。从广义上讲，包括轮椅在内的一般产品都可以理解为由一系列属性组成的材料系统。这些属性是用来实现相应的功能；反过来，这些功能又将允许用户执行特定操作，这些操作能满足或不能够满足用户的需求（图 6-2）。如果产品不能完全满足用户需

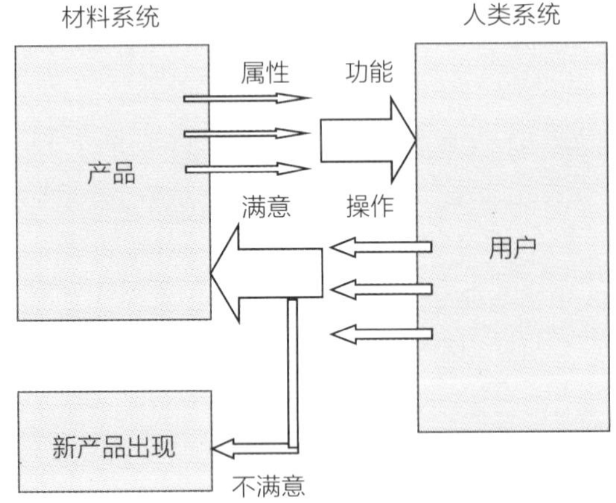

图 6-2　材料与人类系统的互动

求，那么可以重新设计产品或开发新产品，以克服发现的问题。我们将使用轮椅来举例说明该方法的这一阶段。

调查问题阶段将为设计团队提供基础，以决定他们要做什么和如何去做。调查问题阶段可以分为三个步骤：a）识别问题；b）界定问题；c）提出问题。

（1）识别问题

调查问题可以有以下两个方法：a）描述将要分析的产品或其使用情形还有哪些地方不能满足客户的需求；b）寻找已存在的但实际上未被解决而使产品不能满足用户所需的问题。

识别问题即识别在分析问题情况时立马出现的最严重、最明显的问题。这个阶段为设计团队提供了第一批信息输入，并确立了一系列需要深入研究的初始问题。这些信息输入以非系统方式收集的问题列表的形式呈现。

毫无疑问，在此阶段，焦点小组讨论是识别问题的极好方法。产品用户能就当前他们所使用的和其他可能会被推出的产品，表达他们的需求、期望和抱怨。

（2）界定问题

上一步骤将生成一个问题列表，这是从公司和焦点小组讨论中获得的、没有系统标识的问题的列表。现在应就问题列表中的内容做出选择、分类和扩展，强调最相关的设计问题。这一步应该由设计团队完成，并将结果提交给用户小组以供进一步鉴别和评论。

对问题的选择和分类的描述，可以通过对产品 - 用户界面功能障碍的分析来实现。这些功能障碍可分为：a）人机工程学；b）人；c）机器。以下是应用于产品 - 用户界面的几种不同功能障碍的示例（改编自 Moraes 和 Mont' Alvao，2010；Moraes，1992；Soares，1990）。值得注意的是，尽管这些指出的问题都与轮椅设计有关，但其中许多问题也适用于其他任何产品设计。同样，设计人员在进行产品或用户界面功能异常的特定分析时，必须识别出每种不同类别的问题。

人机工程学功能障碍的问题

接口问题

由于对轮椅使用者或看护者的动作做出反应的控件位置不当，导致用户姿势不舒适。

使用不适当的人体测量值来定义轮椅尺寸。

显示器的位置在极限用户的视野之外。

控件位于用户动态舒适区域之外。

可容纳后躯干和腿的空间有限。

轮椅对用户手臂和脚的支撑不佳。

工具性问题

显示器或控件没有考虑优先顺序、排序和标准化的问题。

显示器或控件的移动，没有考虑运动的定式和一致性。

信息问题

警告和图像信号的可见性差。

字符的可读性差。

控制问题

由于重复操作、控制装置的阻力或振动以及由于手动控制装置的位置等问题而导致的用户手指、手腕、手肘、手臂、肩膀、躯干、脚和腿部因不良姿势而疼痛。

手动控制装置的尺寸和形状不合适，会在手的特定点上施加压力。

脚支撑的尺寸和形状不合适。

控制装置缺乏安全性，可能导致触电、灼伤、割伤或其他伤害。

手柄和脚支撑的位置超出了用户的运动触及范围和生物力学的舒适角度。

难以观察或接触需要维护和维修的组件。

认知问题

由于显示器和控件的布局而导致操作逻辑存在缺陷，并且没有考虑系统、用户的原型和操作映像的一致性。

由于文化的不兼容性、多样性或设计师缺乏所使用代码的知识，导致图形符号的可理解性差。

运动问题

轮椅的重量过大，用户难以将其抬起以放置汽车后备厢中，并且难以在崎岖的道路上推动。

某些需要更换的轮椅组件（例如电池）的重量过大。

车轮尺寸与某些地形不兼容。

自然问题

缺少用于保护用户免受雨、雪等天气影响的附件。

说明书问题

说明书质量差。

人功能障碍的问题

姿势问题

由于使用轮椅的姿势不佳而导致背痛。

抬起和搬运过重的轮椅引起的脊柱损伤。

使用者和看护者推轮椅时，反复用力和姿势不当导致肌肉疲劳。

社会问题

由于使用外观设计不美观的轮椅而难以参加社交活动，而且轮椅无法在商店和酒吧等狭窄的公共场所使用。

由于使用带有强化残疾形象的设计产品而缺乏自尊心。

机器功能障碍的问题

结构和运动问题

轮椅结构稳定性差。

轮椅阻力太小或太大。

组件的可调节性和互换性差。

轮椅设计有结构的锋利边缘和突出的螺母和螺栓。

框架难以展开或折叠。

固定轮椅组件缺乏安全性。

轮椅运动系统过于僵硬或灵活。

轮椅运动系统有噪声。

轮椅刹车系统有故障。

轮椅附件的使用缺乏灵活性。

组件和子系统性能不佳的问题

组件功能低于必需功能标准。

子系统和组件的耐久性差。

可靠性、标准化和制造方面的问题

材料对恶劣天气的抵抗力不足。

材料缺乏抵抗物理攻击的能力。

零部件缺乏标准化、模块化和互换性，从而影响产品成本、生产速度和制造。

制造成本与生产规模不匹配。

使用过多不同的材料增加制造工序和成本。

制造工艺不足。

社会文化和符号学问题

在表示用户唯一性、价值和状态方面存在设计不足。

美学问题

轮椅设计缺乏独创性，和竞争对手的产品之间没有区别。

外观设计不佳、配置不佳，以及对材料、颜色和纹理的使用不恰当。

技术问题

对于不了解技术的用户，没有参考适当的知识储备来设计操作系统。

设计师通过产品使用情形的照片来说明问题，这将使得此阶段的产品 - 用户界面功能障碍分析更加成功。这些照片可以通过用户小组的成员来获得，这将是说服公司投资新产品的有力工具。

（3）提出问题

在调查问题的最后阶段，考虑到人员的能力、可用的知识以及用户和公司的需求，问题情境被简化为最重要的问题和最易被解决的问题。这可以通过提出问题的表格来呈现。该表应包含主要问题、系统需求、用户限制、人力成本、设计建议、人机功能障碍的系统限制等几个方面。为了便于阐释，本书以轮椅设计为例，在表 6-2 中列出了一些可能存在的人机功能障碍问题的例子。该表旨在为设计方法的后续步骤提供指导。请注意，此表仅包含分析中发现的问题的一些示例。

表 6-2　提出问题阶段中存在的人机工程学功能障碍示例

问题示例	设计需求	人类系统问题	人力成本	建议	系统限制
靠背不能支撑下背部	座位靠背的轮廓应考虑臀部的凸出，以支撑腰部	驼背，背部曲线无支撑	背部疼痛	提供一个新的靠背	可用技术有限 卖家和制造商缺乏兴趣
脚的支撑不合适	考虑到用户最小及最大脚长； 考虑身形较小和身形较大用户的腿长	腿不接触脚的支撑 腘窝的压力	不舒服	提供一个可调节的脚支撑	买家和制造商缺乏兴趣
推杆手柄位置不恰当	考虑身形较小和身形较大护工手肘的高度来确定推杆的高度	腰椎弯曲	腰痛 脖子痛	提供可调节高度的推杆	卖家和制造商缺乏兴趣
手控制器形状不合适	考虑不会对用户的手造成压力的配件	手的特殊部位受到压力 尺寸 / 径向偏差	手和手腕疼痛	提供新的手控制器配件	可用技术有限 卖家和制造商缺乏兴趣

6.2.4　产品规划

在这一阶段，问题已充分确定，项目边界也已确定。此阶段将查找与设计师的进一步活动直接相关的信息，生成和选择用于创建新产品模型的可行解决方案。此阶段包括以下步骤：

- 进行任务分析。
- 细化用户需求。
- 审核现有技术可行性。
- 制定设计规范。

（1）进行任务分析

任务分析是人机工程学中的重要方法之一。这是一种用于生成用户使用产品执行的所有操作的分层流程图的方法。用户使用产品参与的每个活动都可以分解为一组任务。这些任务中的每一个环节都可以进一步细分为子任务。子任务通常可以进一步细分为子系统和次系统，依此类推。任务和子任务可以通过产品的子系统和次系统来组织。 Annet 和 Stanton（2000）对任务分析法进行了详尽的论述。

任务分析法可为人机工程学专家和设计师提供以下详细信息：

- 用户使用产品的活动顺序。
- 每个活动在层次结构中的位置。
- 对产品 – 用户界面的要求。
- 必须在设计中做出的产品评估和决策。
- 完成任务所用时间。
- 使用产品的环境条件。

在使用以用户为中心的方法进行产品设计时，设计人员和人机工程学专家应使用任务分析作为工具来详细检查产品 – 用户界面。尽管这项技术通常由人机工程学专家执行，但设计师的参与是必不可少的，因为任务分析法将为新产品概念提供丰富的灵感来源，并为设计决策提供合理的基础。任务分析法还将提供有关用户在使用某些产品期间的人体测量方面的有效信息。

在以用户为中心的产品设计方法中，设计师使用任务分析法可补充从上一阶段到界定问题阶段描述的产品 – 用户界面功能障碍分析获得的数据。作为设计师，应邀请用户小组的成员参与任务分析，以调查间接和直接用户执行的任务。

所有人机工程学专家都非常熟悉这种技术。关于产品设计有用的各种任务分析方法的细节和操作顺序图的说明，我们可以在许多学者（Annet 和 Stanton，2000；Baxter, 1996；Chapanis, 1996；Cushman 和 Rosenberg,1991；Dumas 和 Redish, 1999；Kirwan 和 Ainsworth, 1993）的著述中找到。

（2）精练用户需求

从用户的需求表述、期望和抱怨中，设计过程的前几个阶段已经确定了大量的产品用户需求。用户表达的需求是以他们自己的语言表达的，尽管它们清楚地表达了他们的兴趣和期望，但是在指导设计和生产产品时并未对其该如何做进行具体描述。这留给了设计师和工程师一个任务，即解释用户的需求。

将用户需求转化为设计的方法是建立产品要求。产品要求包括一系列产品规格说明，这些说明将以精确且可测量的方式说明产品必须怎么做才能满足用户的需求。例如，用户需求是“减少轮椅的质量”，将转化为“轮椅的质量应为 10 公斤”的产品规格说明。理想情况下，每个用户需求应仅对应一个规范值，这通常是不可能的。在此阶段，与产品将如何满足用户需求的有关的问题尚未解决。

之前以列表形式建立的用户需求，现在必须对其进行选择、分类并赋予其一定的可量化重要性的值。选择的用户需求必须是设计师能力范围内能解决的。对用户需求进行分类是指将每个已识别和选定的需求与轮椅相应的子系统相关联。例如，与子系统“结构”相关联的需求是：“减少轮椅的质量”“生产可折叠的轮椅”“减少手部的振动”“轮椅在崎岖道路上也可使用”；“防止座椅和靠背松垮”“在座椅和靠背上提供更多缓冲”“内饰可清洗且易于拆卸”是与子系统“座椅 - 靠背”相关的需求。设计者应咨询用户小组，从 1（最不重要的需求）到 5（最重要的需求），赋予每个需求相应的重要性级别。这对于决定在解决后续设计难题时优先考虑哪些用户需求至关重要。

现在，应将精练后的用户需求列表与相应的度量标准相关联。我们应该注意到有些需求无法轻易转化为可量化的指标。在这种情况下，我们应保留用户的需求，并将度量标准评估为“主观的”。表 6-3 是用户对子系统“结构”的需求、它们的相对重要性、相关的度量标准和度量单位的一个示例。

为保证设计能满足用户的相关需求，提供与每个需求相对应的度量值是非常必要的。 像表 6-3 之类的表格将成为产品“质量之屋”的关键要素，这是组成质量功能展开矩阵的组件之一。

（3）回顾现有技术状态

回顾现有技术状态对于确定将要投放市场的产品的商业成功与否至关重要。除了收集有关人机工程学、产品技术规格以及安全和监管标准等信息外，还必须收集竞争产品的有关信息，以便对本公司产品和竞争对手的现有产品进行定位。

表 6-3　完善的用户需求及其相关指标列

序号	子系统	需求	重要性等级	指标	度量单位
1	结构	减少轮椅质量	5	总质量	kg
2	结构	生产可折叠轮椅	4	折叠宽度	mm
3	结构	减少手部振动	3	从推杆到主体结构的衰减为 10 Hz	dB
4	结构	轻松穿越崎岖的地形	4	弹簧预紧力	N
5	结构	轮子易拆卸	1	拆卸 / 组装时间	s
6	结构	轮椅适合各种轮子和轮胎	2	支撑结构尺寸 转向管直径 轮子尺寸 脚轮尺寸 最大轮胎宽度	mm mm mm mm mm
7	结构	组件易维修	2	拆卸 / 组装时间	s
8	结构	流畅感（主观）	3	流畅感（主观）	subj.
9	结构	配件易安装	3	配件安装时间	s
10	结构	便于移动	4	走道最小宽度为 1000 mm	mm
11	结构	持久性好	4	转向管持久性测试	h
12	结构	稳定性好	5	稳定性测试 ISO 7176-1	°
13	结构	易于跨越路缘	3	障碍攀爬能力测试 ISO 7176-10	mm
14	结构	安全	5	疲劳测试	N
15	结构	便宜	5	单位制造成本	

文献和标准综述

通过文献搜索，设计团队可以在技术报告、书籍、杂志、期刊和会议记录中查找与产品问题相关的文章。有关设计人员查找有关产品问题信息可遵循以下步骤：

a）检阅期刊、会议记录和书籍中有关该产品和相关主题的文章之后的参考文献列表；

b）阅读专业协会和技术团体的新闻通讯；

c）获取根据政府合同编写的最新报告的清单和摘要；

d）搜索计算机数据库和互联网；

e）搜索相关专利和标准。

通常，人机工程学文献中涉及残疾人产品，尤其是关于轮椅的资料寥寥可数。文献中可用于定义残疾人体型的人体测量数据更是凤毛麟角。为了填补人体测量数据的不足，建议设计人员使用用户面板成员来进行人体数据测量。这些成员代表了人的极端值，例如：矮、高、瘦、胖。采用用户面板成员进行任务分析和用户试用也有助于建立用户的人体测量尺寸规格。收集人体测量数据要细心谨慎，遵循科学的步骤。尽管目前，设计师无法收集到大量有关轮椅使用者的体型信息，但人机工程学文献还有许多其他对产品设计大有帮助的数据源。这些来源包括有关用户行为，用户身心能力，任务分析应用技术，与测试和用户试用有关的问题，有关显示器设计，信息设计，控制和控制布置以及产品安全性的数据。人机工程学文献中对产品设计有所帮助的作者有 Kroemer、Kroemer 和 Kroemer（2018），Soares 和 Rebelo（2017），Bridger（2017），Shorrock 和 Williams（2016），Tillman、Rose 和 Woodson（2016），Wilson 和 Sharples（2015），Salvendy（2012），Karwowski、Soares 和 Stanton（2011），Jordan（1996，1998），Roebuck（1995），Sanders 和 McCormick（1993），Cushman 和 Rosenberg（1991）。

产品标准有助于提高产品质量，尤其是产品安全性方面的标准。残疾人设备标准被列入 ISO/TC173：辅助产品（2019）标准中，编入索引。制造商所制造的产品必须遵守 ISO 标准才能将产品出口到其他国家。设计师必须确定是否有适用于产品销售市场的标准或条例，以确保产品从设计阶段就符合相关要求。

分析与评估竞争产品

分析和评估竞争产品是产品设计中一项至关重要的步骤，它可以确定竞争性产品相对于公司自身产品的优缺点。从竞争产品中收集的信息将阐明现有产品的问题，必须克服这些问题才能让公司的新产品更加成功。

建立数据库是存储和检索竞争产品特征最有效的方法。用这种方法，可以轻松地更新和使用数据，并且可以提供有关产品改良点的相应信息。建立数据库需要收录如下信息：

人机测试结果。

产品使用的直接观察结果。

产品直接用户和间接用户的问卷调查及访谈结果。

不同方向的专家的评估结果（营销、工程、人机、工业设计）。

消费者报刊、商业报刊和设计类出版物中的产品评论。

销售资料和广告中的产品说明。

在概念设计阶段，分析竞争产品最有效的方法就是制作“竞争产品表”。该表应分为两种类型：第一类基于指标制作的竞争产品表；第二类则是基于用户满意度制作的竞争产品表。这两个表将被纳入质量功能展开矩阵。

基于指标的竞争产品表

收集竞争对手的产品数据非常耗时，并且可能涉及产品购买、测试、拆卸和估算其生产成本的问题。独立评估报告，如医疗器械局的报告，可以很好地帮助我们获取数据。要注意：有时竞争对手的商品目录和支撑材料中的数据不够准确。表 6-4 是一个基于指标的竞争产品表示例。表 6-4 仅用来举例说明该方法，表中的数据是虚构的，公司名用字母表示。

基于用户满意度的竞争产品表

表 6-5 根据用户对不同轮椅满足其需求的程度展示了不同公司轮椅产品间的比较。得分较高的轮椅对应的用户需求满意度更高。这是一个主观评估方法，需在“用户面板”的基础上进行。

表 6-4　基于指标的竞争轮椅产品

指标序号	需求号数	指标	重要性等级	度量单位	不同公司产品的指标				
					公司 A	公司 B	公司 C	公司 D	公司 E
1	1	总质量	5	kg	15.5	20.0	17.3	16.8	18.0
2	2	折叠宽度	4	mm	330	580	910	730	815
3	3	从推杆到主体结构以 10 Hz 的频率衰减	3	dB	12	15	14	12	15
4	4	悬挂弹簧预紧力	4	N	480	760	500	520	680
5	5	轮子拆卸 / 组装时间	1	s	918	2320	1665	1940	2155
6	6	支撑结构尺寸	2	mm	1000 1125	1000 1000	1000 1250	1125 1250	1125 1250
7	6	转向管直径	2	mm	254	254	254	254	254
8	6	轮子尺寸	2	mm	609	558	609	508	628
9	6	脚轮尺寸	2	mm	127	190	190	127	190
10	6	最大轮胎宽度	2	mm	38	44	44	44	44
11	7	部件拆卸 / 组装时间	2	s	522	615	730	563	645
12	8	流畅感	3	subj.	4	3	5	3	2
13	9	配件安装时间	3	s	192	323	254	225	383
14	10	走道最小宽度为 1000 mm	4	mm	1125	1450	1350	1500	1400
15	11	转向管持久性测试	4	h					
16	12	稳定性测试 ISO 7176-1	5	°	14 >20 >20	15 >20 >20	16 >18 >18	17 >20 >20	15 >18 >18
17	13	障碍攀爬能力测试 ISO 7176-10	3	mm	20	25	23	25	25
18	14	疲劳测试	5	N	1000/ 6248	1230/ 8453	1350/ 10450	1420/ 9821	1350/ 10115
19	15	单位制造成本	5	£	1675	1954	1825	2200	2650

表 6-5 基于用户满意度的竞争轮椅产品

需求序号	需求	重要性等级	不同公司产品满意度				
			公司 A	公司 B	公司 C	公司 D	公司 E
1	减少轮椅质量	5	4	1	3	1	2
2	生产可折叠轮椅	4	3	2	1	1	1
3	减少手部振动	3	2	1	2	2	1
4	轻松穿越崎岖的地形	4	1	2	3	1	1
5	轮子易拆卸	1	3	2	1	1	2
6	轮椅适配各种轮子和轮胎	2	1	2	3	1	2
7	组件易维修	2	3	2	1	3	2
8	流畅感	3	2	1	4	2	1
9	配件易安装	3	3	2	3	2	2
10	易操作	4	4	2	3	2	1
11	持久性好	4	2	3	3	4	4
12	稳定性好	5	1	3	3	4	4
13	易于跨越路缘	3	2	2	3	3	4
14	安全	5	3	3	4	4	4
15	便宜	5	3	2	1	1	1

（4）将质量功能展开应用于产品开发

作为一种形式化方法，质量功能展开适用于将用户的需求与产品的特征和功能相匹配，是“以用户为中心的产品设计方法”的理想选择。第 5 章对质量功能展开方法进行了论述。

正如前面在第 5 章中讨论的，质量屋（HOQ）是一个多维图，它显示了用户需求与产品工程特性之间的关系。附录展示了轮椅设计的部分质量功能展开图。附录中的数据是虚构的，仅作为将该技术应用于轮椅开发的示例。

质量屋由 12 个区域组成，以简略的形式展示在附录的左上角。接下来本书将描述组成质量屋的每个区域。

区域 1　用户需求根据对每个子系统进行排列来分组。 表 6.3 的第 3 列（需求）提供了对结构子系统的用户要求的说明。

区域 2　用户重要性等级或用户指定的加权值。表 6.3 的第 4 列（重要性等级）中提供了这部分的内容。

区域 3　根据可测量确定的指标或工程的特性。表 6.3 的第 5 列（指标）对此进行了示例。

区域 4　相关矩阵显示了不同轮椅的工程特性之间的关系。在附录所示的质量屋的三角形屋顶中对此进行了说明。

区域 5　关系矩阵显示了每个工程特性与用户需求之间的影响和效果级别。用值 9（强）、3（中）和 1（弱）来衡量影响用户需求的工程特性。附录的质量屋中显示了关系矩阵，相关值为 1、3 和 9。这些级别值有助于定义重要性的问题。

区域 6　用户竞争力评估是对公司轮椅（A、B、C、D 或 E）达到用户要求程度的 5 分制（越高越好）的总结，在附录的右侧以图形形式给出。这些数据来自表 6.5 的用户满意度的值。

区域 7　绝对重要性是“关系矩阵”竖列中每个成分的数值与其对应的用户重要性等级之和。例如，在“总质量”列的第一个单元格中，将数值 9 乘以用户重要性值 5，得出总数 45。在该列中重复此操作，将结果相加获得的绝对重要性值为 242。

区域 8　相对重要性是确定每个工程特性所占总得分的百分比。总得分数值是所有绝对重要性值的总和（附录中的总得分数为 1677）。每个工程特性值的相对重要性百分比是通过将该项绝对重要性值（例如第 1 列中的 242）乘以 100，再除以总数值得到的。例如，对于“总质量”的相对重要性值计算步骤为：242×100÷1677=14.4。排名最高的那些与需求相关的工程特性被认为是对用户最重要的需求，应由设计团队确定为优先级。

区域 9　与每个工程特性相对应的值的度量单位（例如 h、s、kg、mm 等）来自表 6-4 的第 5 列。

区域 10　技术竞争力评估会比较竞争对手

产品的每种工程特性的规格，以达到或超过竞争对手产品的每种特性。

区域 11　每个轮椅的工程特性的目标值。这些值通常是通过基准数据和对这些值就产品性能、属性和特性的影响程度的独立评估来确定的。

区域 12　技术难点（风险）是根据设计团队的经验，在 1 到 5 的范围内进行判断，并指出每个产品的规格可以实现的容易程度。数字越低，越容易，不能实现该工程特性的风险就越低。

（5）制定产品设计说明书

产品设计说明书包含了与产品相关的一切事实，提供了关于产品功能目标的定性信息和定义产品性能的定量信息。产品设计说明书陈述了产品必须做的事情，是整个产品开发活动的基本控制机制和基本参考来源。产品设计说明书应包含以下内容。

- 产品名称。
- 产品的一般描述，包括产品概念和战略目标。还应说明需要新产品的原因。
- 用户需求概要和用户所需的产品概述。
- 产品设计目标。
- 工效分析，包括产品功能和功能障碍的说明及任务分析。
- 用户需求产品说明及相应的工程特性，可以以 QFD 矩阵的形式表示。
- 与成本、技术、法规和标准、用户能力和环境相关的设计约束。
- 该产品的市场需求，包括分析它将与什么类型的产品竞争，制造商是谁，服务于什么市场。
- 预期成本和目标价格。

以上所述的产品设计说明书中大部分在前面的小节中都有描述，除了如产品战略目标、成本、技术等方面，而这些并不是说明书的核心内容。

6.2.5　概念设计

当产品的用户需求已经明确时，就需要依据产品的三维形状研究满足这些需求的替代概念。“以用户为中心的产品设计方法”的这一阶段涉及生成解决方案，以达到产品设计说明书中声明的内容。该解决方案将代表组成整个系统的所有子系统及其组件的总和，按照规定满足用户的需要。因此，概念设计过程将从一组用户需求和产品说明开始，产生一组产品概念，由设计团队和“用户面板”做出最终选择。

概念设计阶段的工作十分复杂，因为存在多个目标、约束和更多可能的解决方案。设计团队的主要挑战将是使设计的新产品能满足各种用户的需求，并能充分发挥销售能力、营销和分销渠道，还需符合现有生产设备和供应商，最终为公司盈利。

概念设计阶段工作的推进应该有系统地进行。它将分为以下几个步骤：生成概念、评估和选择概念、细化概念和详细设计。

（1）生成概念

从生成概念开始就要充分阐明设计问题。阐明问题首先要形成一个总的认识，然后把问题分解成次要问题。这一过程是在“调查问题”的阶段中完成的。通过“产品 - 用户界面功能障碍分析”，可以发现新产品设计中需要改进的一些问题。

产生新想法是概念生成阶段的核心。有许多成熟的方法来帮助设计师产生创造性的想法，如：头脑风暴、思维导图、故事板、头脑写作、消除心理障碍、形态图表、参数分析、问题抽象化。选择使用哪种方法是设计师的个人选择，取决于他们更熟悉哪种方法。每种方法都有优点和缺点。Ulrich 和 Eppinger（2019）、Baxter（1996）、Jones（1992）、Rozenburg 和 Eekels（1995）都对以上方法做了详尽的描述。表 6-6 展示了一些产生创造性想法的方法总结。

设计师还应有以人为本的设计和设计思维。

以人为本的设计是交互式系统开发的一种方法，其目的是通过关注用户的需求，应用人机工程学知识、可用性知识和技术，使系统可用、有用。这种方法提高了产品有效性和效率，提高了用户满意度、可及性和可持续性；抵消了产品对人体健康、安全和其性能上可能产生的副作用。ISO 9241- 215：2019（2019）为人机工程和从事以人为中心设计的可用性专家提供了一个框架。本研究方法参考了 LUMA 学院（2012）、艾迪欧设计公司（2015）和 Glacomini（2014）的方法。

设计思维是一个以人为核心的解决创造性问题的过程。Dam 和 Siang（2019）认为，设计思维是一个迭代的过程，在这个过程中，它试图理解用户，挑战假设，并重新定义问题，力图找到替代策略和解决方案，而这些策略和解决方案可能不会在我们最初的理解水平上立即显现出来。作者指出了设计思维的重要性，因为设计师的工作过程可以帮助系统地提取、教授、学习和应用以人为本的技术，以创造性的方式解决问题。这种思维适用于设计、商业领域、任何国家以及日常生活中。对于设计思维有过论述的作者有 Curedale（2019），Lewrick、Link 和 Leifer（2018），Lockwood 和 Papke（2017）。

生成概念阶段的目标是尽可能积累更多的想法，因此在这个阶段设计师不要试图抑制想法的产生。由于创意来源于想象力和创造力，所以设计师应该避免日常生活中常见的理性联想。而且，最初看起来不可行的想法通常可以由设计团队的其他成员改进而实现。设计师应该邀请“用户面板”成员参加一些创造性的会议，帮助找到具体问题的解决方案。使用效果图和实物模型来表达设计师的想法比文字描述和口头表达更合适。计算机辅助工业设计（CAID）工具也可用于在计算机屏幕上生成三维设计，从而生成大量可快速修改的详细概念。图 6-3 说明了概念生成的阶段和一些轮椅靠背设计解决方案的草图。

需要注意的是，与工程师团队致力于寻找产品的技术功能的解决方案不同，设计团队将重点放在创建产品的表单和用户界面上。设计团队介入而产生的概念自然应该满足用户需求和先前阶段定义的产品规范。

（2）评估和选择概念

设计是一个发散和收敛的过程。作为一个渐进的过程，产品的设计会从一个产品的想法，通过解决方案原则、概念和初步设计到详细的最终设计。设计的每个阶段都会产生一些概念，需要对这些概念进行评估和选择，以便找到设计问题的最佳解决方案。

这一阶段使用以用户为中心的产品设计方法，其目的是构建标准。在此标准下，用一种形式筛选出大量的功能及概念，以选出最佳项满足用户需求及其产品规格要求。

许多作者提倡使用矩阵作为构建或表示评估和选择过程的一种方法，这些作者包括 Ulrich 和 Eppinger（2019）、Magrab（2009）、Baxter（1996）、Fox（1993）、Pugh（1991）。在本书中，一般建议使用部分或所有已经确认过的

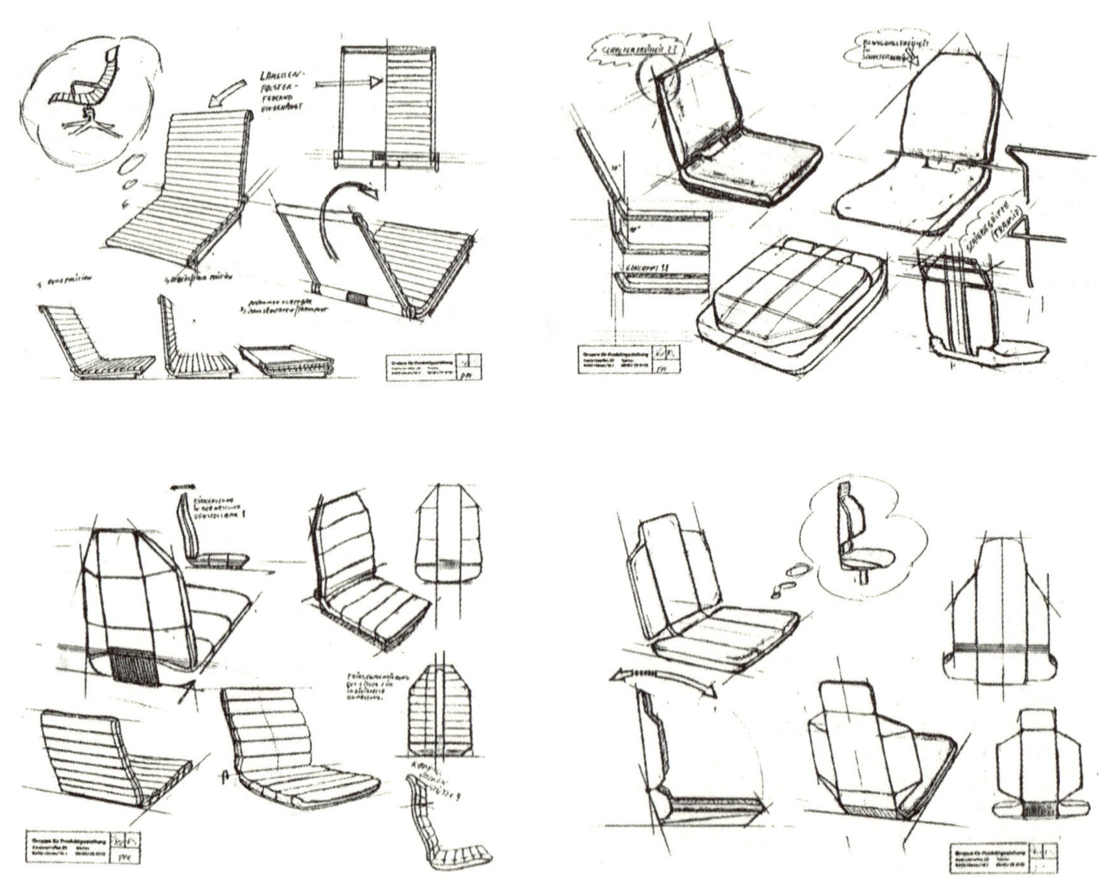

图 6-3　轮椅靠背设计草图样本

表 6-6　构思产生的一些技巧总结（来自 Baxter 和 Jones 的论文）

技巧	程序
头脑风暴	· 选择一群人提供想法 · 执行规则：不批评任何想法；明确表示欢迎大胆的想法；想法越多越好；参与者应尝试结合或改进其他人提出的想法 · 将参与者提出的想法记录下来，然后进行评估 · 这些想法可以表现为思维导图的形式。思维导图是一种想象不同信息或想法之间联系的图形技术
头脑写作	· 选择一组人在一张纸上写下有限的想法，可以是列或者行 · 然后将每张纸交给小组的其他人，他们必须进一步改进或拓展所有的想法，添加新行或新列，直到讨论完所有想法，或直到每个小组成员都完成了每张纸上的内容 · 进行常规的头脑风暴，提出全新的想法。不需要写在纸上，而是在大脑写作过程中激发出来
集思广益	· 组建一个精挑细选的团队，将其作为一个独立的开发部门来运作 · 让小组成员进行大量练习，使用直接的、个人的、象征性的和幻想的类比，将大脑和神经系统的自发活动与问题联系起来 · 向小组提交上级组织无法解决的难题，留出足够的时间来解决 · 将小组的讨论结果提交给组织方进行评估和实施
消除心理障碍	· 将转换规则应用到一个现有的不满意的解决方案或方案的一部分。（例如，能否应用于其他用户？他们适应吗？方案要修改吗？替代方案呢？） · 寻找现有不满意的解决方案各部分之间的新关系 · 重新评估设计情况
形态图表	· 确定功能，能执行任何可接受的设计 · 在图表上列出不同的子解决方案，即执行每个功能的替代方法 · 为每个功能选择一组可接受的子解决方案
参数分析	· 挑选一个最接近解决问题的现有产品，特别关注未能提供完整解决方案的产品参数 · 根据定量参数（尺寸、功率、速度、强度、价格、效率、耐用性）、定性参数（按其他产品的排序或比例）和分类参数（产品所属类别）分析产品特征 · 指出这些参数必须如何设置才能完全解决问题

续表

技巧	程序
问题抽象化	· 陈述问题 · 问“为什么”设计团队想要解决问题 · 然后，在达到公司的最终目标前，回答更多的“为什么”的问题 · 每个抽象级别都应该显示一组新的潜在解决方案

用户需求作为评估设计概念的标准。

以评估和选择概念矩阵［表 6-7，基于 Ulrich 和 Eppinger（2019）、Magrab（2009）、Pugh（1991）的论文总结而来］作为一种方法，可以缩小产品概念范围并提升部分产品概念。评估和选择概念的阶段有以下几项工作：a）可以将几个概念进行比较；b）淘汰一些替代方案；c）进行迭代：某些概念的特征组合可能会产生新的替代方案；d）进一步地缩减，选择少数概念称为精选。

评估和选择概念矩阵可用于分析产品的不同方面，如其子系统、次级子系统、组件或组件的组合体。此外，它能从美观方面有效地分析产品及其组成部分。使用“用户面板”来帮助设计团队分析矩阵的某些方面，如美观和可用性能方面，是必不可少的。

编制汇报表的步骤包括下列各阶段：

准备工作

明确参加评估和选择环节的团队，包括用户组。确保向所有成员提供了有关评估和选择的概念的足够信息，以及要使用到的标准清单。

如果需要，提供一块显示面板用于数据展示，一块白板或者一个投影屏幕均可。

提供适当的辅助性材料，如铅笔和记事本。

确保每个概念都以草图、效果图、实物

表 6-7　评估和选择概念矩阵

系统：推手柄	概念						
选择标准	A	B	C	D	E	F	G
易操作性		+	0	0	0	0	0
易使用性	R	+	0	0	+	0	0
易搬动	E	0	0	0	0	+	0
操作灵敏度	F	0	-	-	0	+	-
棱角被磨平程度	E	0	0	0	0	0	0
降低与手部的摩擦	R E	-	0	0	0	+	-
良好的稳定性	N	0	-	0	+	+	0
可调整性	C	+	0	+	+	-	0
攀爬路缘的辅助作用	E	0	0	0	+	0	0
易于安装配件		+	0	0	-	-	0
可折叠式轮椅	C	0	0	+	-	0	0
安全性	O	0	-	0	0	0	0
制造成本低	N	0	0	0	-	0	+
总计 +’s	C	4	0	2	4	4	1
总计 0’s	E	8	10	10	6	7	10
总计 -’s	P	1	3	1	3	2	2
净分	T	3	-3	1	1	2	-1
评级		1	5	3	3	2	4
是否继续		是	否	是	综合考虑	综合考虑	否

模型或数字模型的形式呈现，并且它们都有一定程度的细节说明。

建立用于评估概念的选择标准，并将其列在矩阵左侧第二列。标准应基于用户需求和公司需求制定，如低制造成本或最小的产品责任风险率。确保所选择的标准是绝对重要的参考项，是与产品紧密关联的，并清晰明确的。确保标准是能被所有参与评估和选择的人易于理解和接受的。

选择一个概念作为所有其他概念的参考项。参考项可以是：a）行业标准；b）显然的解决方案；c）产品、子系统或次级子系统的商业设计或概念；d）在尚不存在明确竞争性设计或概念的情况下，小组直观理解的任何一个概念都可以是最佳选择。

概念评级

将每个概念与所选参考的标准进行比较。

基于团队共识，每个概念属性都会拥有相对分数，如“好”(1)、“相同”(0) 或“差”(-1) 所选择的参考项，这些分数也体现每个概念与选择标准的关系。

写下矩阵中每个单元的相对得分，使得概念和当前选择标准之间的交集分数得以分析出来。例如，当概念“B”与选择标准“易操作性”相比较时，得分为“1”。

概念排名

添加“1”的分数项（“优于”），并在矩阵的下排适当的单元格中输入结果。

对“0”（“持平”）和“-1”（“差于”）进行相同的处理，并在适当的单元格中输入结果。

计算净得分，从“优于”的分数里面减去“差于”的分数。忽略那些被评为“持平”的项。

将持有更多得分的概念项按从多到少的顺序排列。

结合和增进概念

观察是否有优质的概念受到任何不好的特性的影响。

如果受到影响，考虑到这些概念可能会组合体现“优于”特性，从而抵消“差于”

的特性。例如：在表 7-7 的样例中，概念 E 和 F 可以组合成一个新概念（概念 EF）并将被认为是下一阶段的精选概念。

选择概念并反思结果

与其他参与者（包括用户面板）一起决定哪些概念需要进一步细化。

就评估过程与结果进行反思。

设计团队将使用实物模型和数字模型来展示他们的设计概念。术语“实物模型”“模型”和“原型”的定义有时会含糊不清。在本书中，“原型”一词指的是整个产品的功能和物理表现，因为它最终将被制造出来。“原型”不同于“实物模型”，实物模型代表产品子系统或组件的大小和形状，但其与功能和外观无关。“模型”表示产品、子系统或组件的大小、形状和外观，但其与功能无关。在一方面而言，如果原型是产品在全尺寸范围内的展现，那么实物模型和模型通常是在一个微缩的范围内构建，并可根据需要的细节刻画程度来展示计划中的静态评估和模拟类型。实物模型和真实或数字模型均可用于评估特定设计概念的可行性，目的是验证概念并在产生构建工作原型的成本之前及时发现任何明显或预见问题。因此，与原型不同的是，实物模型和模型可以由纸、泡沫、木材或任何其他材料制成，而与最终版本的产品所用的材料无关。图 6-4 展示了一些代表不同设计理念的轮椅模型（《轮椅设计》，1993）。

（3）细化概念

“细化概念”可用于帮助人们最终决定选择一个或多个能够开发的概念。利用下列步骤，建立一个“概念细化矩阵”（表 6-8），类似于前面“评价和选择概念的矩阵”。

准备工作

与前面的矩阵形式类似，每个概念都将以草图、着色、实物模型或数字模型的形式呈现，并可能包含更多的细节来表达其形式和功能。

建立“选择标准”，按照之前的方法对概念进行评估。大多数标准应该与前面用于“评估和选择概念的矩阵”的标准相同，利用这些标准来帮助进行评估是可以的。

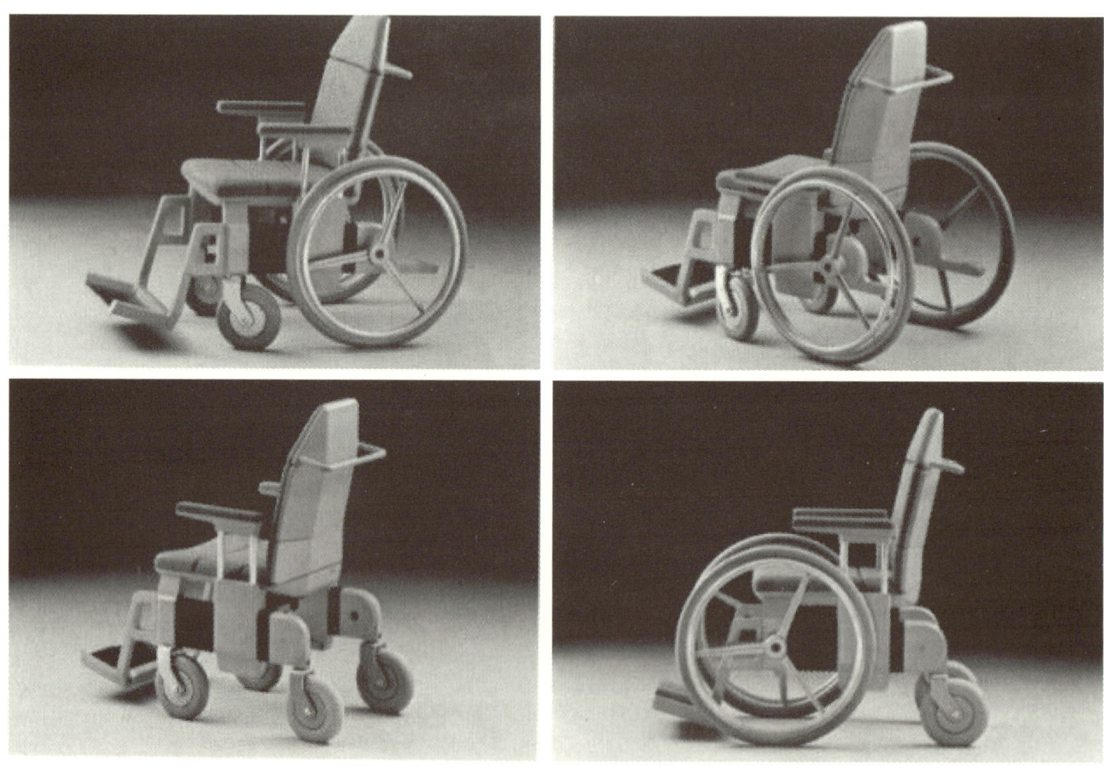

图 6-4　代表不同设计理念的轮椅模型实例（《轮椅设计》，1993）

表 6-8　概念细化矩阵

子系统：推手柄	重要性等级	概念						
		A	B		D		EF	
选择标准			评级	分数	评级	分数	评级	分数
易操作性	5	R	3	15	2	10	4	20
易使用性	5	E	2	10	2	10	3	15
易搬动	5	Γ	1	5	1	5	3	15
操作灵敏度	10	E	3	30	2	20	4	40
棱角被磨平程度	5	R	3	15	3	15	3	15
降低与手部的摩擦	5	N C	3	15	3	15	3	15
良好的稳定性	10	E	4	40	3	30	4	40
可调整性	10		3	30	2	20	5	50
攀爬路缘的辅助作用	5	C	4	20	1	5	4	20
易于安装配件	5	O	3	15	3	15	4	20
可折叠式轮椅	5	N	3	15	3	15	4	20
安全性	15	C	3	45	3	45	5	75
制造成本低	15	E	1	15	3	45	5	75
总分		P		270		250		420
排名		T		2		3		1
是否继续开发				否		否	是	

在“用户面板”的帮助下，使用一致同意的方法，将主观权重以百分比的形式赋予每个标准。权重在包含选择条件专栏之后的专栏中列出。主观权重总和为 100%。

选择一个概念作为所有其他概念的参照项，以类似于评估和选择概念矩阵的方式对这些概念进行评级。

概念评级

将每个概念与每个选择标准所选择的参考概念进行比较。

根据团队的共识，每个比较产生的评级为：

“1 ”为比参考概念差很多；

“2 ”为比参考概念差；

“3”为与参考概念相同；

“4”为优于参考概念；

“5 ”为比参考概念好很多。

例如，当“B”这个概念相对于选择标准“易操作性 ”的参考概念被评级时，它得到了 3 分。

将每个选择标准和每个概念的“重要性等级”乘以“评级”，并在得分栏中写下分数。

概念排序

将每个概念的分数相加。例如概念“B”的总分为 270 分，概念“D”的总分为 250 分，概念“EF”的总分为 420 分。

根据总分对概念进行排序，总分第一的排第一，总分最低的排最后。

概念联合与改进

与前一个矩阵一样，观察是否有方法可以联合与改进好的概念。

选择概念并对结果进行反思

在与参与者协商意见一致的情况下，决定选择哪个概念进行进一步的开发。

反思该过程产生的结果，确保概念与之前在 QFD 矩阵中建立的一致。

（4）详细设计

“以用户为中心的产品设计方法”阶段的目标是，以图纸的形式表明，所选的概念具有充分详细的特性，可以建模或建立原型，并进行生产。

产品包含某些特性。工业设计师只能直接决定产品的部分性能。工业设计师可以确定的属性有整个产品的结构（零件的排列）、形状、尺寸、材料、颜色、表面质量和纹理。通常不属于工业设计师知识体系中的部分的属性有材料的耐受性、耐腐蚀性、强度和耐久性的分析，对制造方法的选择，对产品价值的分析。就规格而言，大多数产品属性在设计过程的第一阶段就已经被定义，并且已经包含在概念选择中。

这一阶段的设计过程包括复杂的递进级别，它介于草图的创作、概念阶段制作的模具、真实或数字模型的生产和原型或“工作 1”设计所要求的更详细的原料、原则、制造过程之间（“工作 1”，即随后将大规模生产的产品原件）。“细节设计”阶段的一部分工作可以被认为包含在产品的生产开发和生产计划中，并在本设计方法的下一个步骤中会简单地提到。这些步骤包括了其他专业技术人员的参与，如制造和机械工程师。

根据前一设计阶段的草图和模型，工业设计师将绘制和详细描述产品的几何形状、尺寸、材料、颜色、子系统和组件的安排。有关产品某些方面的细节，如审美情趣、安全性、用户界面、产品维护等，应仔细规定相关要求。在“细节设计”的中间阶段，设计师可能需要制作模型来检查数据的准确性。“细节设计”阶段还涉及决定购买哪些组件（作为标准目录项），以及哪些组件将由内部承包商或分包商生产。

需要指出的是，在设计过程的这个阶段，所有代表客户需求、功能和风格的子系统以及组件都应该放在一起，并集成到整个产品中，准备生产。

在“以用户为中心的产品设计方法”中还包括其他设计活动：设计用户手册。

设计用户手册的主要目的之一是对产品操作进行说明。普遍存在的不合设计需求的用户手册导致了用户可能忽略重要的信息或者疏于查阅手册。清楚地了解用户需求及其使用产品的方式是使设计团队能够开发合乎需要的用户手册的第一步。

许多学者的研究已经涉及设计和编写可用的用户手册，包括 Hodgson（2019）、Pavel 和 Zitkus（2017）、Cifter（2010）、Cushman 和 Rosenberg（1991）、Weiss（1991）。Moller（2013）指出，在开发用户手册过程中，应用用户测试作为对指导方针和校对的补充有很大帮助。Wiese、Sauer 和 Ruttinger（2004）研究了消费者对书面产品信息的使用情况，发现从广泛的产品中收集的自我报告数据表明，产品复杂性是说明书使用的最佳预测指标。在给“BBC 关注未来”的一篇文章中，舒马赫（2019）指出，如人工智能（AI）和增强现实（AR）这样的新技术也开始被用于指导用户使用产品，而增强现实（AR）允许指令分层从而使得用户在学习使用产品的同时能够和它交互。

在笔者指导的博士学位论文中，Acioly（2016）研究了移动增强现实技术，作为定位用户和安全说明（通知和警告）的方法，该方法应用于消费者沙丁鱼罐头包装。研究强调评估两个信息系统的可用性（效率、效果和满意度）的测量，一个是物理（标签）系统，另一个是数字（增强现实应用程序）系统。结果表明，在移动增强现实消费包装中，数字信息系统提供安全使用说明是一种有效的解决方案，它提供了一种与用户进行通信和交互的界面。

Li、Karreman 和 Jong（2018）对中国技术传播者就中西方用户手册中文化差异的看法进行了一项研究，发现大多数的受访者认为，中国和西方的用户手册在很多方面（内容、结构、风格、视觉）都有差异，并且中西方的用户使用用户手册的方法也是不同的。

Cushman 和 Rosenberg（1991）建议设计良好的用户手册应采取以下步骤：

- 以符合读者期望的逻辑方式组织文字、图片等材料。
- 提供适当的结构（例如，不同的主标题和副标题的类型风格和大小，划界使用的间距、页边距等）。
- 只提供读者需要的信息。
- 使用读者能理解的词语。
- 使用简单句和主动语态。
- 用列表、项目符号或流程图而不是段落的形式来呈现连续的说明和程序。
- 使用数字来帮助阐明信息。
- 将图表和附加的文字解释放在同一张纸上或对页上。
- 测试、修改并重新测试用户手册，直到新手用户可以依照用户手册轻易完成所有任务。

在产品的用户中，可能有人的认知能力较差。设计者应特别注意轮椅使用者的用户手册设计，包括使用大号无衬线字体，在可行的情况下提供说明和所有插图的文本描述。设计团队可以提交一份新产品的用户手册草稿，供“用户组”评估并提出修改建议。

6.2.6 原型设计

虽然许多设计和工程问题可以通过计算机模拟、绘图、实物模型来解决，但作为最终产品的功能展示，构建一个实际尺寸的原型才能让设计团队测试和评估“设计概念”。实际尺寸的原型将有助于评估产品性能，判断其是否满足相关的规格和用户需求，揭示产品的工程问题。

原型测试可确定在产品规格方面存在的任何问题。这些问题若在之前的设计阶段没有被发现，在后期的生产过程中，将花费大量的金钱和时间去弥补故障和失误。用于测试产品性能的轮椅原型示例如图 6-5 所示（《轮椅设计》，1993）。

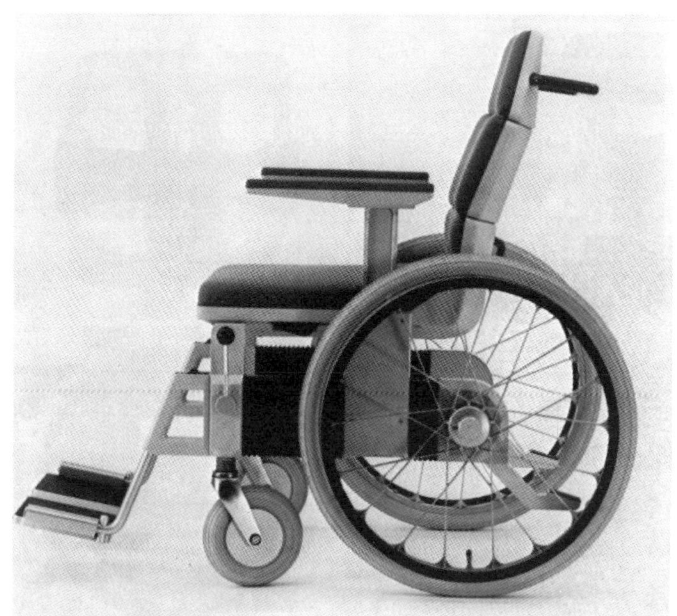

图 6-5　为测试产品性能而制造的轮椅原型案例

创建新产品概念原型有助于以下方面：

- 了解原型所代表的概念是否可行，能否满足客户需求和产品规格。
- 向产品开发过程中的高层管理人员、合作伙伴、供应商、用户和其他成员传达产品概念及其特性。采用视觉、触觉和三维的表现形式比口头描述，甚至产品的草图和图纸更容易获得产品反馈。
- 以某种方式整合产品的子系统和组件，以确保它们按预期运行。
- 新产品的测试和验证，包括产品－用户界面及所有部件的组装和连接。
- 检查是否安全和合法。
- 确保原材料和外购部件符合性能及交付要求。
- 检查成本和生产计划是否在规定的范围内。

6.2.7　测试与检验

产品测试与检验通常贯穿在概念设计的过程中进行，它包括评估最初的实物模型、设计模型和工程模型，以现场的原型检验测试告终（结束）。事实上，构建产品三维展示的主要目的之一是把测试中获取的客观的用户性能数据和产品规格进行对比。因此，无论是对产品的实用性和质量的提高，还是对产品制造商提起法律诉讼的可能性的降低，或者是对产品在市场上取得成功的保证，测试和检验都是至关重要的阶段。

在这种方法中，测试一词用于指代在实验室或其他受控环境中进行的那些程序。而检验一词是指那些在现场环境中而不是在实验室中进行的测试。本书第 3.4 节对产品评价进行了阐述。

虽然物理测试对于检验产品的技术质量至关重要，如疲劳测试，但是物理测试并不是本书的目标。以用户为中心的产品方法将侧重于可用性测试，包括代表性产品用户（用户面板）和工作原型。图 6-6~ 图 6-8 举例说明了测试轮椅原型的技术、功能和操控性。

Hekstra（1993）指出关于轮椅测试方案的主要问题如下：

- 用户－轮椅界面的尺寸和操作。
- 轮椅在滚动阻力和机动性等方面的性能。
- 轮椅在安全方面的性能，包括其稳定性和刹车的效率。
- 轮椅在不同使用条件下的技术质量，包括强度和耐用性要求。

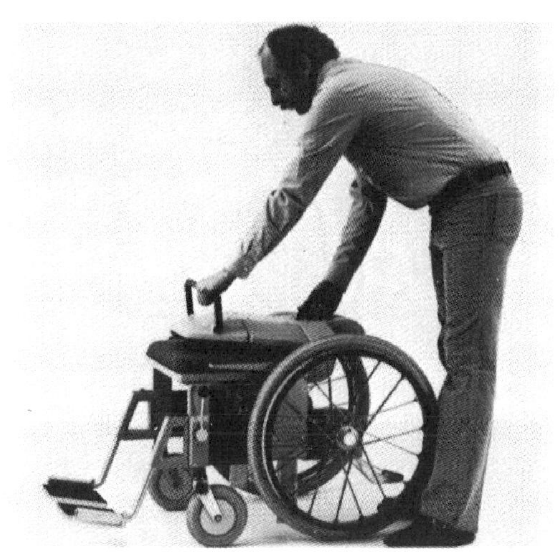

图 6-6　测试轮椅原型的技术、功能和操控性的实例 a

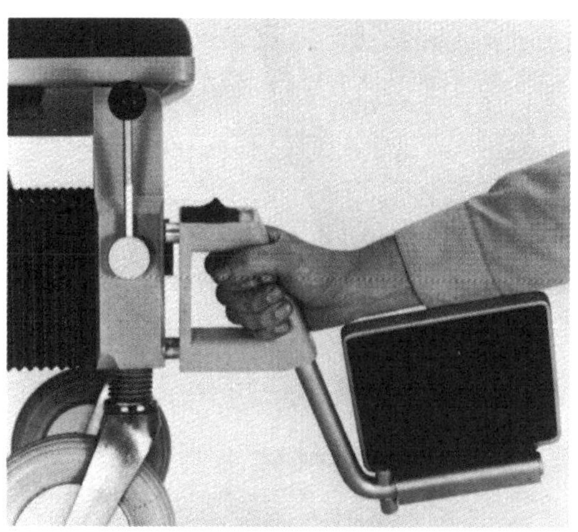

图 6-7　测试轮椅原型的技术、功能和操控性的实例 b

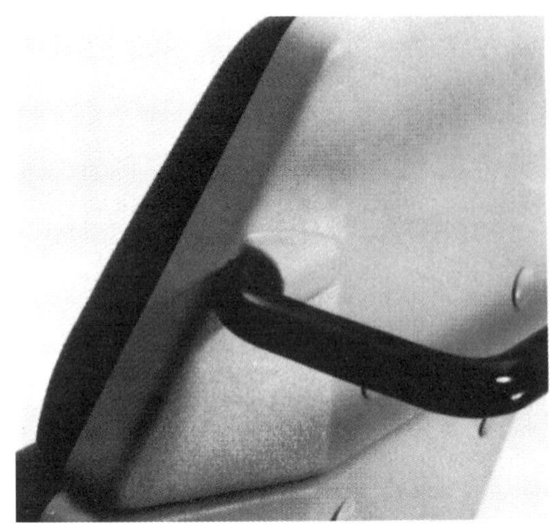

图 6-8　测试轮椅原型的技术、功能和操控性的实例 c

建议在以用户为中心的产品设计方法中，设计团队在产品原型的可用性测试和检验中遵循未来的指南（基于 Soares 和 Rebelo，2017；Karwowski、Soares 和 Stanton，2011a 和 2011b；Dumas 和 Redish，1999；Cushman 和 Rosenberg，1991）。

设计可用性测试

提供进行测试的设施。这里的设施与焦点小组讨论中使用的设施类似，并应用了相同的建议。

定义用于测试和检验阶段的资源（人员、设备、时间、金钱等）。应该邀请用户面板的成员参加测试。

对该产品或其他类似产品的标准和之前的测试进行文献综述。

建立测试和检验的目标，包括将被测量的内容（客观测量，如完成任务的时间和错误率；主观测量，如用户的感知、意见和判断）。

选择用户将执行的任务，包括组装、存储、维护，并遵循用户手册中的说明，记住测试将探测潜在的可用性问题。从任务分析、访谈和焦点小组获得的信息可以帮助设计团队设置要测量的内容。

建立定性（主观测量）和定量（客观测量）的标准来测量侧重于用户而非产品的性能。

定义会话和测试的持续时间，考虑到产品复杂性、测试的客观性、涉及的参与者的数量和用户执行每个任务的时间长度。

确定测试场景，这意味着以一种消除测试中某些人为因素的方式来描述要执行的任务。该场景将告诉参与者在测试期间他们要做的事情。

决定进行测试的地点：a）在实验室或其他受控环境中；b）在现场环境中（例如用户的家或公共场所）。

定义用于观察和记录测试的技术，包括视频记录、自动数据收集、问卷、焦点小组讨论。

组织文件，包含每个参与者的姓名和数据，用来记录他们执行任务的情况。

一定要严格遵守最低风险的概念。最低风险意味着“在测试中预期的伤害或不适的概率和程度，就其本身而言，小于在日常生活中或在进行常规的身体或心理检查或测试时通常所遇到的”（Dumas 和 Redish，1999）。

获得参与者的书面知情同意，声明他们了解测试将遵循的程序、测试的目的、涉及的任何风险、提问的机会以及随时退出的机会。

在划分问题的阶段所使用的产品 - 用户界面功能障碍分析的结果应该是非常有用的。

进行可用性测试

问候参与者，创造一个宽松的环境，安抚用户在测试新产品时可能产生的任何恐惧或焦虑。

向参与者解释测试场景，以确保他们清楚地了解所有要执行的任务。

如果测试将在用户家中或公共场所进行，请特别注意。考虑到参与者可能会因为有其他人在场而感到羞愧的情况。

让参与者大声说出想法，这样设计团队就能听到并记录他们对产品的反映。在用户开始执行所要求的任务之前，指导他们想象自己独自在一个房间里如何大声说出想法，并进行一两次热身运动。

在任务场景中使用清单。

在适当的表格上登记正在执行的任务结果。

在适当的表格上登记任何可能出现的未预见到的问题。

使用摄像机记录整个过程。

分析结果

将数据制成表格，如果合适的话，使用统计数据来描述数据的结果。

总结整理发现的问题：a）按子系统整理；b）优先处理范围最广的问题整理；c）按严重程度整理。

分析和解释结果，明确原型是否满足用户需求。

提出建议。

报告可用性测试

产品经理及产品开发团队组织一次会议，以展示可用性测试的结果。

为了支持演示，设计团队可以使用插图、图表和高亮显示的录像机，包括最重要的发现。

除了口头陈述，给公司的管理者们和产品开发团队的其他成员写一份关于可用性测试的结果，采用与制作焦点小组结果报告的类似方法。这个书面报告将组成以用户为中心的产品设计法这一阶段的文件。

6.2.8 产品生产和营销阶段

如果明确地指定了所有的设计特点以及所有需要的细节，那么产品设计就可以投入生产了。虽然制造过程本来应该放在概念和细节设计以及原型设计的后期阶段进行考虑，但是必须几近完全地指明产品的制造过程。

根据 Magrab（2009）的研究，在产品开发周期中，基本上有三个非常重要且紧密相连的要素：组装方法、制造过程和材料选择。这些都会极大地影响成品的成本、营销时间、工厂生产、制造自动化程度、可生产性和可靠性。质量功能展开技术应该继续在产品开发和制造过程中使用，以确保继续听到用户的声音（参见第 6.2 节）。

以用户为中心的产品设计法的最后阶段——产品生产（包括制造和组装）、市场产品和客户支持——不直接涉及设计，因此，本书不讨论这一点。

6.3 调查所提方法论的适用性

我们接触了四名在工作开始时预先参与实地研究的设计师的样本。由于时间有限，调查不可能有更多的受访者参与进来，因此，这个数字相对较小。调查的目的是收集他们关于对所提方法的接受度的意见。入选的设计师主要代表了那些轮椅公司，他们能够为笔者在博士论文中所采用的设计方法所进行的问卷调查提供最佳实践。其中一家公司在当时被认为是英国最大的轮椅制造商之一。另一家公司是小型摩托车制造商，其设计和生产过程与电动轮椅有许多相似之处。轮椅设计者的选择是因为该方法最初是为轮椅的设计而开发的。由于该方法保留了其原始的本质，设计师的验证仍然是适当的。

调查程序如下所述。每位设计人员都愿意在自己的工作场所接受约一小时的采访。设计人员会看到一份该方法的表格形式的摘要，并在访谈时间内对其进行阅读和评论。为避免引导被采访者对某些点的注意，研究人员决定不以具体的问题来组织采访。相反，让他们阅读摘要，并在阅读文本时提出评论。通过这种方式，研究人员试图探究他们的评论意见，在适当的时候询问受访者。访谈被录音和转录。

一般来说，那些对所提出的关于轮椅设计方法的适用性进行调查的设计者给予了积极的评价。该方法没有预先介绍，人们发现很难在一个小时的采访中介绍此种复杂程度的方法。虽然使用了带有该方法的插图摘要的文件，但应答者有时会对已经考虑到的、在提交给设计人员的摘要中没有详细描述的设计方面提出意见。例如，设计师说所使用的人数应该要比用户面板规定的更多。但是，这将在有关接近用户阶段的焦点小组会议上出现。

下面描述的是一些评论意见：

· A 公司的设计人员建议其他利益相关者（例如治疗师和康复工程师）参与设计过程，并考虑到用户面板需要代表不同的残疾程度。建议经销商参与部分设计过程是一个考虑的重点。
· 在产品规划阶段的“回顾现状”中，两位设计师所提出的要在设计方法中考虑标准的重要性虽被提及，但显然被忽视了。
· 正如一位设计师所说，正确理解用户的需求无疑是产品成功的关键之一。这基本上取决于设计团队的技术。其他利益相关者的帮助，如护理人员和治疗师，可能有助于解释用户难以自我表达的观点。
· 在概念设计、原型设计、测试和检验的各个阶段应该进行一个循环，以使在测试和检验阶段不成功的概念可以返回到概念设计和原型制作阶段，以便进行再次修改。
· 应当考虑到根据初步战略规划中所界定的职能来评估制造和装配阶段的需要。
· 还应该考虑使用客户支持阶段来监视市场上的产品性能，并获得反馈以用于公司未来开发其他产品的可能性。
· 设计人员对该方法质量的意见一致。在他们看来（C 公司的设计者除外），值得重视的是，这种方法只有应用于大规模生产制造时才是合理的。

图 6-9 展示的是“以用户为中心的产品设计方法”流程图的修订版，包括设计师提出的建议。和原先的版本（图 6-1）相比，此次版本注意了以下方面：a）包括一个商家面板，提供对设计过程某些阶段的意见，包括初步战略规划以及测试和检验；b）在测试和检验阶段和概念设计阶段之间存在联系，允许这两个阶段和原型制作阶段之间形成一个循环；c）制造和组装阶段与初步战略规划之间存在联系（这将允许对制造过程是否与先前所建立的相一致进行检查）；d）制造和组装阶段反馈到产品生产阶段（双向箭头），以允许第一个制造单元与生产计划中建立的内容相核对；e）客户支持阶段的反馈将对未来产品的开发产生投入。

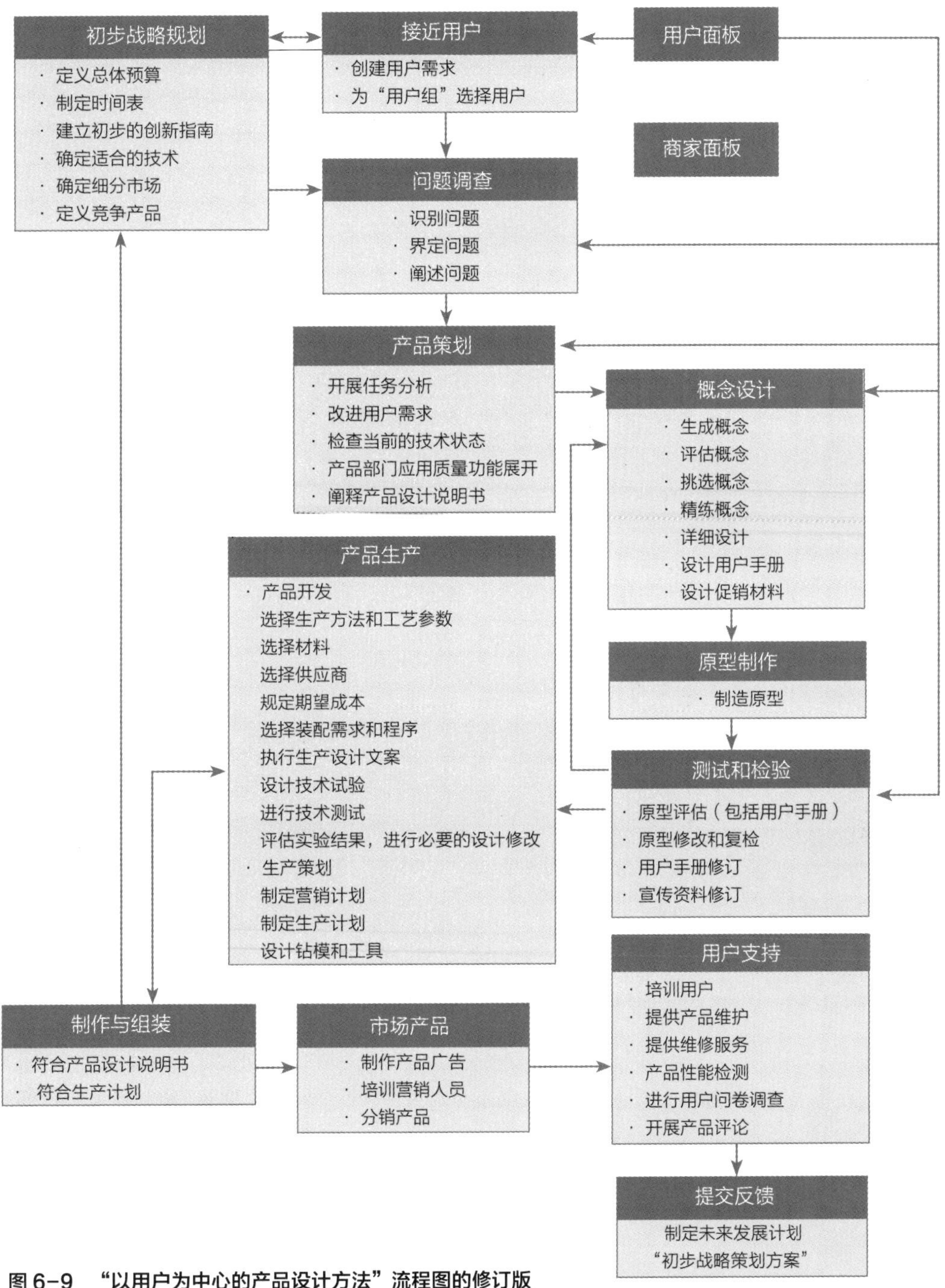

图 6-9 “以用户为中心的产品设计方法”流程图的修订版

结论

所有参与到本书组织的设计、评估和使用过程中的利益相关者都指出，在产品设计的不同阶段都考虑到用户的需求是很有必要的。

即使不深入考虑成本和制造等方面，以用户为中心的产品设计方法也具有以下优点：利用用户需求指导设计，从而制造出完全满足消费者需求的产品。

工业设计师和人机工程学专家直接参与了该方法的五个阶段，其中包括接触用户、调研问题、产品规划、概念设计、原型设计以及测试和检验。

该方法被引介给四位设计师，以便了解他们在多大程度上可以接受该方法。尽管设计师仅花了约一个小时评估该方法，但他们一致认为该方法可取。他们提出的批评和建议并不影响该方法的实质，只是对其进行了修订和完善，如图 6-9 所示。其中，一个有用的建议是在现有的用户组之外融入了经销组。

产品经设计能够使用，并为其用户提供愉悦和满足感。此外，残疾人需要的产品不仅要满足他们的医疗和治疗需求，而且要改善他们的独立性、生活质量，并带来愉悦和满足感。为残疾人设计产品时，仅考虑销售和利润，是一种目光短浅且不道德的行为。仅为身体健全人群，而未考虑肢体和认知障碍人群的产品设计是一种设计歧视。

产品还要伤害和杀死人类到什么时候？ 人们什么时候才能意识到自己和家人面临潜在危险的消费品？ 数以百万计的身体健康用户什么时候能够顺利使用一般消费产品？残疾人何时能顺利使用轮椅？ 设计师何时能关注到用户（健全或残障）的心声，并将其需求转化为产品设计？ 很遗憾，本书无法回答这些问题。

另外，这项研究表明，在产品设计中是可以听从健全和残障用户的心声的。研究表明，尽管英国有影响力的设计师并不习惯将轮椅用户的需求纳入产品设计当中，但他们可能在整体设计中考虑到这一点（或可能针对特定情况量身定制），以帮助他们改善设计实践和提高消费者满意度。如今，健全和残疾人产品的市场竞争异常激烈。消费者满意度是保证产品质量和提高产品性能的关键。

乍一看，将轮椅设计加入更多的功能以满足更大范围用户的需求，或者为残疾人的产品设计融入更多个体化的需求，这听起来似乎是不切实际的，并且经济成本昂贵。对于许多严重残疾和极端残疾的人来说，这种方法肯定会继续受到限制。

但是，无数用户将会克服设计和制造方面的最初成本投资并将受益于这种方法。的确，设计师的创造力和想象力将有助于找到适当的解决方案和新概念，以平衡用户需求与制造、营销和财务要求之间的特殊要求。但是，对于设计师和制造商而言，首要的也是最重要的一点是要摒弃谁是年轻人和老人，何为身体健全和残疾的先入之见和错误区分。

本书提供的设计方法是从文献回顾中以及从参与轮椅设计、制造和使用过程的利益相关者的调查中汲取经验，是对“如何将用户需求转化为轮椅用户的产品设计”问题的回答。

方法论是使设计师和参与产品开发的其他人员根据特定方法指导项目的理论。 这样的方法可以优先考虑消费者需求、技术和制造规格或成本。本书以面向消费者的方法呼应了现代设计和制造技术。该方法旨在解决基于用户需求的设计问题。

以用户为中心的产品设计方法结合了诸多文献中的综合设计实践，并且在设计过程的多个阶段都以创新的方式融合了用户需求。如前所述，设计方法本身不足以保证任何特定产品的设计质量或市场上产品的大卖。但是，遵循良好实践，并结合用户需求以满足消费者，这可以将风险及成本降到最低。保证一种设计方法代表良好设计实践要看设计师是否接受该方法、使用该方法，从而生产出更好的产品。以用户为中心的产品设计方法通过吸收成功设计方法的关键组成部分将其转变为良好设计实践。

最终，只有在全面有效地实施以用户为中心的产品设计方法之后，研究者才能评估其有效性和可接受性。这将涉及那些使用该方法在批量生产环境下改变生产线以支持设计过程的公司。只有这样，研究者才能根据竞争评估产品和产品所基于的方法。评估问题的初步解决方案是咨询一些轮椅设计师，并征求他们对该方法的看法。

以用户为中心的设计方法最初用于轮椅的设计和制造。作者认为，它同样适用于其他类型的为残疾人或身体健全者设计的产品。但是，由于其详细程度，当用于具有一定复杂程度的产品时，它可能会产生更好的结果。该方法旨在用于批量生产环境。

因此，创造性地使用以用户为中心的产品设计方法，现代制造和营销技术以及替代材料（例如塑料成型品和热成型部件），是开发这种潜在商机的基本要素。市场研究将确定产品的不同细分市场。本质上，使用以用户为中心的方法进行产品设计是一种有效的选择，可以确保产品听从其直接和间接用户的心声，并在产品中融入他们的需求，这将更有利于满足消费者。

参考文献

Abbott, H. (1980) . Safe enough to sell? Design and product liability. London, The Design Council.

Abbott, H.& Tyler, M. (2017) . Safer by Design: A Guide to the Management and Law of Designing for Product Safety. 2nd. ed. London, The Design Council.

Abeni, K. (1988) . An assessment of industrial designers use of human factors criteria in product design evaluation. Proceedings of the Human Factors Society. 32nd. Annual Meeting. Santa Monica, CA, Human Factors Society, 420–424.

Acioly, A. (2016) . Augmented reality as a tool for guidance and safety in packages (in Portuguese) . Ph.D. Thesis. Federal University of Pernambuco, Brazil.

Ahram, T.; Karwowski, W.; Soares, M. M. (2011) . Smarter Products User–Centered Systems Engineering. In: Karwowski, W., Soares, M.M., Stanton, N.A.. (Org.) . Human Factors and Ergonomics in Consumer Product Design: Methods and Techniques. Boca Raton: CRC Press, v. 1, p. 83–94.

Albert, W. & Tullis, T. (2013) . Measuring the User Experience: Collecting, Analyzing, and Presenting Usability Metrics. 2nd. ed. Morgan Kaufmann.

Anderson, D. (2014) . Design for Manufacturability: How to Use Concurrent Engineering to Rapidly Develop Low–Cost, High–Quality Products for Lean Production. Productivity Press.

Annet, J. and Stanton, N. A. (2000) . Task Analysis, CRC Press.

Baber, C. and Neville A. Stanton, N.A. (2002) . Task analysis for error identification: Theory, method and validation, Theoretical Issues in Ergonomics Science, 3: 2, 212–227.

Barber, J. (1996) . The design of disability products: a psychological perspective. British Journal of Occupational Therapy, 59 (12) , 561–564.

Baxter, M. (1996) . Product design: a practical guide to systematic methods of new product development. Chapman & Hall.

Brangier, E. & Bornet, C. (2011) . Persona: A Method to Produce Representations Focused on Consumers' Needs. In: Karwowski, W.; Soares, M.M. and Stanton, N. (2011a) . Human Factors and Ergonomics in Consumer Product Design: Methods and Techniques. CRC Press.

Bridger, R. (2017) . Introduction to Human Factors and Ergonomics. 4th ed. CRC Press.

Brown, G.N. and Wier, A.P. (1982) . Human factors and industrial design (are we really working together?) . Proceedings of the Third National Symposium on Human Factors and Industrial Design in Consumer Products.

Santa Monica, CA, Human Factors Society, 3–10.

Canadian Centre for Occupational Health and Safety (2019). Hazard and Risk. Available at: https://www.ccohs.ca/oshanswers/hsprograms/hazard_risk.html. Access on July, 3rd. 2019.

Caplan, S. (1990). Using focus group methodology for ergonomic design. Ergonomics, 33, 5, p. 527–533.

Chapanis, A. (1996). Human factors in systems engineering. New York, John Wiley & Sons.

Casey, S.M. (1998). Set Phasers on Stun: And Other True Tales of Design, Technology, and Human Error. Aegean Pub Co.

Chang, K. (2016). Computer–Aided Engineering Design. Academic Press.

Chartered Institute of Ergonomics and Human Factors (2019). User Centred Design – a Practical Guide for Teachers. Available at: https://www.ergonomics.org.uk/Public/Resources/Publications/User_Centred_Design/Public/Resources/Publications/UCD.aspx?hkey=2138360f–c44a–4c20–b500–1efb4f04e43a. Access on September, 27th. 2019.

Cifter, D.H. (2010) Instruction Manual Usage: A Comparison of Younger People, Older People and People with Cognitive Disabilities. In: Winter R., Zhao J.L., Aier S. (eds) Global Perspectives on Design Science Research. DESRIST 2010. Lecture Notes in Computer Science, vol 6105. Springer, Berlin, Heidelberg.

Christiaans, H.H.C.M. (1989). The use of consumer products: a cognitive view. In: Proctor, G.E.; Stadelmeier, S.; Stubler, W.; Opperman, L. and Kusuma, D. (ed.). Product design: facts vs. feelings, Proceedings of Interface '89. Human Factors Society, Santa Monica, CA, Consumer Products Technical Group of the Human Factors Society, 189.

Clarkson, P.J.; Coleman, R. et al. (2003) Inclusive Design: Design for the Whole Population. Springer.

Cleverism (2019). Why Most Product Launches Fail (And What To Do About It). Available at: https://www.cleverism.com/why–most–product–launches–fail/. Access on July, 3rd. 2019.

Collaborating With Customers in Product Development: CBS News (2007). Available at: https://www.cbsnews.com/news/collaborating–with–customers–in–product–development/. Access on June, 10th. 2019.

Consumer Reports (2019). Unsafe by definition: Substantial product hazard. Consumer Reports News: September 07, 2010. Available at: https://www.consumerreports.org/cro/news/2010/09/unsafe–by–definition–substantial–product–hazard/index.htm. Access on July, 3rd. 2019.

Cooper, R.A.; Robertson, R.N.; Boninger, M.L.; Shimada, S.D.; Van Sickle, D.P.; Lawrence, B.; and Sin–

gleton，T.（1997）. Wheelchair ergonomics. In：Kumar，S.（ed.）. Perspectives in rehabilitation ergonomics. London，Taylor and Francis.

Cross，N.（2008）. Engineering design methods：strategy for product design. 4th. ed. New York，John Wiley & Sons.

Cuffaro，D. et al（2013）. Industrial Design. Reference + Specification Book. Rockport.

Curedale，R.（2019）. Design Thinking：Process & Methods. 5th. ed. Design Cummunity College.

Cushman，W.H. and Rosenberg，D. J.（1991）. Human factors in product design. Amsterdam，Elsevier.

Dahlin，T.；Mascanzoni，D.；Rosell，G. and Svengren，L.（eds.）（1994）. The human dimension：Swedish industrial design. Bergamo，Italy，Edizioni Bolis.

Dam，R.；Siang，T.（2019）. What is Design Thinking and Why Is It So Popular? Interaction Design Foundation. Available at：https：//www.interaction–design.org/literature/article/what–is–design–thinking–and–why–is–it–so–popular. Access on October，17. 2019.

Dekker，S.（2014）. The Field Guide to Understanding Human Error. 3rd. ed. CRC Press.

De Feo，J.（eds.）（2017）. Juran's Quality Control Handbook：the Complete Guide to Performance Excellence，7th. ed. New York，McGraw–Hill.

Design bei Rollst ü hlen（1993）. Form，Journal for design 93. Special edition for the Group of Product Design，Kastanienallee 20，D–6450 Hanau/M.1（in German）.

Dewis，M.；Hutchins，D.C. and Madge，P.（1980）. Product liability. London，Heinemann.

Dirken，J.M.（1990）. Approved by ergonomists?. Ergonomics，33，269–273.

Diverstiy & Inclusion in Tech：a Practical Guide for Entrepreneurs（2018）. Available at：https：//www.inclusion–intech.com/wp–content/uploads/2018/12/Diversity_Inclusion_in_Tech_Guide_2018.pdf. Access on June，10th. 2019.

Duma，J.；Loring，B.（2008）. Moderating usability testing：principles and practices for interacting. Morgan Kauffman Publishers.

Dumas，J.S. and Redish，J.C.（1999）. A practical guide to usability testing. Norwood，New Jersey，Intellect Ltd.

Endsley，M.（2017）. Designing for Situation Awareness：An Approach to User–Centered Design. 2nd. ed. CRC Press.

Engel，J.F.，Blackwell，R.D. and Miniard，P.W.（2005）. Consumer behavior. 10th. ed. South–Western College Pub.

Feeney, R.J. (1996) . Participatory design–involving users in the design process. In: Ozok, A.F. and Salvendy, G. Advances in applied ergonomics. Proceedings of the 1st. International Conference on Applied Ergonomics, Istanbul, Turkey, May 21–24. West Lafayette, USA Publishing, pg. 199–203.

Feeney, R.J. and Galer, M.D. (1981) . Ergonomics research and the disabled. Ergonomics, 24, 11, 821–830.

Fox, J. (1993) . Quality through design: the key to successful product delivery. London, McGraw–Hill.

Gardiner, P. and Rothwell, R. (1985) . Tough customers: good design. Design Studies. 6, 7–17.

Glacomin, J. (2014) . What Is Human Centred Design?. The Design Journal. V. 17 (4) , doi.org/10.2752/175630614X14056185480186

Godman, E.; Kuniavsky, M.; Moed, A. (2012) Observing the user experience: a practioner's guide to user research. Morgan Kaufmann.

Govella, A. (2019) . Collaborative Product Design. O' Reilly Media.

Grandjean, E. (1984) . Foreword. Behaviour and Information Technology, 3, 261.

Griffin, A. and Hauser, J. R. (1993) . The voice of customer. Marketing Science, 12, 1, winter, 1–27.

Gryna, F.M. (2016) . Product development. In: Juran, J.M. and Gryna, F.M. (eds.) , Juran's Quality Control Handbook. 7th. ed. McGraw–Hill.

Gullo, L.J. and Dixon, J. (2018) . Design for Safety, Wiley.

Hamraie, A. (2017) .Building Access: Universal Design and the Politics of Disability. 3rd. ed. Univ Of Minnesota Press.

Hanington and Martin (2012) . Universal Methods of Design: 100 Ways to Research Complex Problems, Develop Innovative Ideas, and Design Effective Solutions. Rockport Publishers.

Hale, G. (1979) . The source book for the disabled: An illustrated guide to easier and more independent living for physically disabled people, their families, and friends. New York, Paddington Press.

Harris, C.M.–T. (1990) . A study in the marketing of ergonomic expertise in the industrial setting. Ergonomics, 33, 547–552.

Hodgson, P. (2019) . Tips for writing user manuals. Userfocus, June, 4th. 2007. Available at: https: //www.userfocus.co.uk/articles/usermanuals.html. Access on September, 23rd. 2019.

Holt, K. (1989) . Does the engineer forget the user?. Design Studies, 10, 163–160.

HASS (2000) . Home Accident Surveillance System. London, Government Consumer Accident Data and Safety

Research, Department of Trade and Industry.

Hunter, T.A. (1992) . Engineering design for safety. New York, McGraw–Hill.

Hunter Jr R, Shannon J H. and Amoroso H J. (2018) . Products Liability: A Managerial Perspective. Independently published.

IDEO (2015) . The Field Guide to Human–Centered Design. IDEO.org / Design Kit.

Injury Facts (2019) . Home and Community Overview. Available at: https: //injuryfacts.nsc.org/home–and–community/home–and–community–overview/introduction/. Access on June, 30th. 2019.

ISO (2019) . Standards catalogue. ISO – International Organization for Standardization. Available at: https: //www.iso.org/ics/11.180.99/x/. Access on July, 4th. 2019.

ISO/TC 173: Assistive products (2019) . ISO – International Organization for Standardization. Available at: https: //www.iso.org/committee/53782/x/catalogue/. Access on October, 17th. 2019.

ISO 9999 (2016) . Assistive products for persons with disability—Classification and terminology. ISO – International Organization for Standardization.

ISO 10377 (2013) . Consumer product safety–Guidelines for suppliers. ISO–International Organization for Standardization.

ISO 9241–210: 2019 (2019) . Ergonomics of human–system interaction—Part 210: Human–centred design for interactive systems. Available at: https: //www.iso.org/standard/77520.html. Access on October, 17th. 2019.

ISO 9241–11: 2018 (en) (2019) . Ergonomics of human–system interaction—Part 11: Usability: Definitions and concepts. ISO Online Browsing Plataform (OBP) . Available at: https: //www.iso.org/obp/ui/#iso: std: iso: 9241: –11: ed–2: v1: en. Access on September, 8th. 2019.

Jenkins, D.W. & Davies, B.T. (1989) . Product safety in Great Britain and the Consumer Protection Act 1987, Applied Ergonomics, 20, 213–217.

Jones, J.C. (1992) . Design methods. 2nd. ed. New York, Van Nostrand Reinhold.

Jordan, P.W. (1998) . An introduction to usability. London, Taylor & Francis.

Juran, J.M. (1992) . Juran on Quality by Design: The New Steps for Planning Quality into Goods and Services. Free Press.

Karwowski, W. & Noy, Y. (2005) . Handbook of Human Factors in Litigation. CRC Press.

Karwowski W, Soares M M. and Stanton N. (2011a) . Human Factors and Ergonomics in Consumer Product Design:

Methods and Techniques. CRC Press.

Karwowski W，Soares M M. and Stanton N.（2011b）. Human Factors and Ergonomics in Consumer Product Design：Uses and Applications. CRC Press.

Kim，G.（2009）. Designing for the Digital Age：How to Create Human–Centered Products and Services，Wiley.

Kirwan，B.（1992a）. Human error identification in human reliability assessment. Part 1：Overview of approaches. Applied Ergonomics，23，299–318.

Kirwan，B.（1992b）. Human error identification in human reliability assessment. Part 2：Detailed comparison of techniques. Applied Ergonomics，23，371–381.

Kirwan B. & Ainsworth L K.（1993）. A guide to task analysis. London，Taylor & Francis.

Klein L.（2016）. Build Better Products：A Modern Approach to Building Successful User–Centered Products. Rosenfeld Media.

Kotler P，Armstrong G.（2018）. Principles of Marketing. 17th. ed. Peason.

Kreifeldt J.（2007）. Ergonomics of product design. In：Salvendy，G.（ed.），Handbook of industrial engineering. 3rd. Ed. New York，John Wiley & Sons. 3rd. Edition.

Kroemer，K.H.E（2017）. Fitting the Human：Introduction to Ergonomics / Human Factors Engineering. 7th ed. CRC Press.

Kroemer K.H.E.，Kroemer，H.B. and Kroemer–Elbert，K.E.（2018）. Ergonomics：how to design for ease and efficiency. 3rd. ed. Academic Press.

Kumar，S.（2009）. Ergonomics for Rehabilitation Professionals，CRC Press.

Kumar，S.（2007）. Perspectives in rehabilitation ergonomics. London，Taylor and Francis.

Laughery K.R.（1993）. Everybody knows – or do they?. Ergonomics in Design，July，8–13.

Leonard，S.D. and Digby，S.E.（2003）. Consumer perceptions of safety of consumer products. In：Kumar，S.（ed.），Advances in Industrial Ergonomics and Safety IV. London，Taylor & Francis，169–176.

Legislation.gov.uk（2019）. Consumer Protection Act. Available at：https：//www.legislation.gov.uk/ukpga/1987/43. Access on July，4th. 2019.

Lewrick，M.；Link，P.；Leifer，L.（2018）. The Design Thinking Playbook：Mindful Digital Transformation of Teams，Products，Services，Businesses and Ecosystems. Wiley.

Li，C.H.；Lau，H.K.（2018）. Integration of industry 4.0 and assessment model for product safety.

Li, Q.; Karreman, J. and Jong, M. (2018) . Chinese Technical Communicators' Opinions on Cultural Differences between Chinese and Western User Manuals, IEEE Xplore, Digital Library. Available at: https: //ieeexplore.ieee.org/abstract/document/8804552. Access on September, 23rd. 2019.

Lid, I.G. (2014) . Universal Design and disability: an interdisciplinary perspective. Disability and Rehabilitation , V. 36, Issue 16.

Lidwell, W.; Holden, K. and Butler, J. (2017) . Universal Principles of Design. Rockport Publisher.

Lingard, G. (1989) . Defining what helps: an iterative approach the systems design. Proceeding of the 25th. Annual Conference of the Ergonomics Society of Australia. Canberra, Australia.

Lobach, B. (2001) . Design Industrial: Bases Para a Configuracao dos Produtos Industriais. Sao Paulo, Edgard Blucher. (in Portuguese) .

Lockwood, T. and Papke, E. (2017) . Innovation by Design: How Any Organization Can Leverage Design Thinking to Produce Change, Drive New Ideas, and Deliver Meaningful Solutions. Weiser.

Luchs M., Swan S. and Griffin A. (2015) . Design Thinking: New Product Development Essentials from the PDMA. Wiley–Blackwell.

LUMA Institute (2012) . Innovating for People Handbook of Human–Centered Design Methods. LUMA Institute.

Miaskiewicz, T. & Kozar, K.A. (2011) . Personas and user–centered design: How can personas benefit product design processes?. Design Studies, Vol 32 No. 5.

Maldonado, T. (1977) . El diseño industrial reconsiderado. Barcelona, Gustavo Gili. (in Spanish)

Magrab, E.B. (2009) . Integrated Product and Process Design and Development: The Product Realization Process. CRC Press.

Mash, J. (2016) . UX for Beginners: A Crash Course in 100 Short Lessons. Reilly Media.

McKey, E. (2013) . UI is Communication: How to Design Intuitive, User Centered Interfaces by Focusing on Effective Communication. Morgan Kaufmann.

Milton, A. & Rodgers, P. (2013) . Research Methods for Product Design. Laurence King Publishing.

Mital, A. (1995) . The role of ergonomics in designing for manufacturability and humans in general in advanced manufacturing technology: Preparing the American workforce for global competition beyond the year 2000. International Journal of Industrial Ergonomics. vol. 15, Issue 2, February 1995, Pages 129–135. https: //doi.org/10.1016/0169–8141 (94) 00073–C.

Mital, A. & Anand, S.(1992). Concurrent design of products and ergonomic considerations. Journal of Design and Manufacturing, 2, 167–183.

Mital, A. & Morse, I.E.(1992). The role of ergonomics in designing for manufacturability. In: Helander, M. and Nagamachi, M.(ed.) Design for manufacturability: a system approach for concurrent engineering and ergonomics. London, Taylor & Francis, 147–159.

Mitchell, J.(1981). User requirements and the development of products which are suitable for the broad spectrum of user capacities. Ergonomics, 24, 11, 863–869.

Moraes, A.(1992). Ergonomics diagnosis of communication process in a man–machine system of data entry terminals – video display terminals workstations. Ph.D. Thesis(in Portuguese). Rio de Janeiro, Brazil, Federal University of Rio de Janeiro, School of Communication, 4 vols.

Moraes, A. and Mont' Alvao, C.(2010). Ergonomics: concepts and applications(In Portuguese) 4th. Ed. Rio de Janeiro, 2AB.

Mowen, J.C.and Minor, M.(1997). Consumer behavior . 5th. ed. Prentice Hall.

Nichols, P.J.R.(1976). Aids for daily living: the problems of the severely disabled. Applied Ergonomics, 7.3, 126–132.

Nielsen Norman Group(2019a). How Many Test Users in a Usability Study?Available at: https: //www.nngroup.com/articles/how–many–test–users/ Access on September, 19th. 2019.

Nielsen Norman Group(2019b). Why You Only Need to Test with 5 Users. Available at: https: //www.nngroup.com/articles/why–you–only–need–to–test–with–5–users/ Access on September, 23rd. 2019.

Norman, D.A.(2013). The psychology of everyday things. USA, Basic Books.

Product Life Cycle Stages(2019). Product Life Cycle Stages. Available at: http: //productlifecyclestages.com. Access on June, 28th. 2019.

Olsen, D.(2015). The Lean Product Playbook: How to Innovate with Minimum Viable Products and Rapid Customer Feedback. Wiley.

Onwubolu, G.(2013). Computer–Aided Engineering Design with Solidworks. Imperial College Press.

Ottley, B.; Lasso, R. and Klely, T.(2013). Understanding Products Liability Law. 2nd. ed., LexisNexis.

Owne, D. and Davis, M.(2019). Products Liability and Safety, Cases and Materials, 7th. ed. Foundation Press.

Pavel, N. and Zitkus, M.(2017). Extending product affordances to user manuals. The 9th. International Conference on Engineering and Product Design Education. September, 7th and 8th, 2017, Oslo and Akershus University of College of Applied Sciences, Norway. Available at: https: //oda-hioa.archive.knowledgearc.net/bitstream/handle/10642/6069/extending%2bproduct%2baffordances%2bto%2bmanuals.pdf?sequence=1&isAllowed=y.

Peters, G.A.and Peters, B. J. (2006). Human Error: Causes and Control. CRC Press.

Pheasant, S.; Haslegrave, C. (2018). Bodyspace: anthropometry, ergonomics and the design of work. 3rd. ed. London, Taylor & Francis.

Pirkl, J.J. (1994). Transgenaration design: products for an aging population. New York, Van Nostrand Reinhold.

Poulson, D., Ashby, M. and Richardson, S. (1996). UserFit, a practical handbook on user–centred design for assistive technology. Loughborough, U.K., HUSAT Research Institute.

Privitera, M. B. (2019). Applied Human Factors in Medical Device Design. Academic Press.

Pugh, S. (1991). Total design: integrated methods for successful product engineering. Addison–Weley Publishing Company.

Pullin, G. (2011). Design Meets Disability. The MIT Press.

Rebelo, F., Duarte, E., Noriega, P. and Soares, M. (2011). Virtual reality in consumer product: design, methods and applications. In: Karwowski, W., Soares, M.M., Stanton, N.A. (Org.). Human Factors and Ergonomics in Consumer Product Design: Methods and Techniques. Boca Raton: CRC Press, , v. 1, p. 381–404.

Rebelo, F., Noriega, P., Duarte, E., Soares, M. 2012. Using Virtual Reality to Access User Experience. Human Factors, 54: 964–982.

Reiss, E. (2012).Usable usability: simple steps for making stuff better. John Wiley & Sons.

Research & Markets (2017). Growth Opportunities in the Global Wheelchair Market. Available at: https: //www.researchandmarkets.com/research/wktcxj/growth?w=5. Access on June, 10th. 2019.

Rubin, J. & Chisnell, D. (2008). Handbook of Usability Testing: How to Plan, Design, and Conduct Effective Tests, Wiley.

Robert, A.; Roth, S.; Chamoret, D.; Yan, X.; Peyraut, F.; Gomes, S. (2012). Functional design method for improving safety and ergonomics of mechanical products. J. Biomedical Science and Engineering, 2012, 5, 457–468.

Roebuck, J.A. (1995). Anthropometric methods: designing to fit the human body. Santa Monica, USA, Human

Factors and Ergonomics Society.

RoSPA（2019）. Accident Statistics. The Royal Society for the Prevention of Accidents. Available at：https：//www.rospa.com/resources/statistics/. Access on June，10th. 2019.

Rozenburg，N.F.M. & Eekels，J.（1995）. Product design：fundamentals and methods. Chichester and New York，Wiley.

Roy，R.，2018. Consumer Product Design：Patterns of Innovation，Market Success and Sustainability. Journal of International Business Research and Marketing，3（5），pp.25–33.

Ryan，J.P.（1987）. Consumer behaviour considerations in product design. Proceedings of the Human Factors Society – 31st. Annual Meeting. Santa Monica，CA，Human Factors Society，1236–1239.

Ryan，J.P.（1985）. Do safety standards make safe products?. In：Kvalseth，T.O.，Interface 85. Proceedings of the Fourth Symposium on Human Factors and Industrial Design in Consumer Products，Santa Monica，CA，Human Factors Society，119–124.

Salvendy，G.（2012）. Handbook of Human Factors and Ergonomics. 4th. ed. Wiley.

Sanders，M.S. & McCormick，E.J.（1993）. Human factors in engineering and design. 7th. ed. New York，McGraw–Hill.

Sangelkar，M. & D. Mcadams（2012）. Journal of Mechanical Design，134（7）.

Santos，M. S. E.；Soares，M. M.（2016）. Ergonomic Design Thinking ? A Project Management model for Workplace Design. In：Marcelo M. Soares；Francisco Rebelo.（Org.）. Ergonomics in Design：Methods and Techniques. 1ed. Boca Raton，Estados Unidos：CRC Press，v. 1，p. 267–280.

Schumacher，H.（2019）. Inside the world of instruction manuals. Follow BBC Future. BBC. Available at：http：//www.bbc.com/future/story/20180403–inside–the–world–of–instruction–manuals. Access on September，23rd. 2019.

Shorrock，S. and Williams，C.（2016）. Human Factors and Ergonomics in Practice. Routledge.

Smith，I.（2003）. Meeting customer needs. 3rd ed. Butterworth Heinemann.

Smith，I.（1987）. The case of the missing human factors data. Proceedings of the Human Factors Society–31st. Annual Meeting. Santa Monica，CA，Human Factors Society，1042–1043.

Soares，M. M.（1990）. Human costs in seating posture and parameters for the evaluation and design of seats："school desk–chair"，a case study. M.Sc. Thesis（in Portuguese）. Federal University of Rio de Janeiro，COPPE.

Soares，M.M.（1999）. Translating user needs into product design for disabled people：a study of wheelchairs. Loughborough University，Uk. Ph.D. Thesis.

Soares，M.M.（2012）. Translating user needs into product design for the disabled：an ergonomic approach. Theoretical Issues in Ergonomics Science，v. 13，p. 92–120.

Soares，M.M. & Rebelo，F.（2017）. Ergonomics in Design：Methods and Techniques. CRC Press.

Soede，M.（1990）. Rehabilitation technology or the ergonomics of ergonomics. Ergonomics，33，3，367–373.

Solomon，M.R.（2016）. Consumer behavior：buying，having，and being. 12nd. ed. Pearson.

Sadeghi，L.；Dantan，Y.；Mathieu，L.；Siadat，A.；Aghelinejad，M. M.（2017）. A design approach for safety based on Product–Service Systems and Function – Behavior – Structure. CIRP Journal of Manufacturing Science and Technology，v. 19，p. 44–56.

Stearn，M.C. & Galer，I.A.R.（1990）. Increasing consumer awareness：an ergonomics marketing strategy for the future. Ergonomics，33，341–347.

Still，B. and Crane，K.（2016）. Fundamentals of User–Centered Design：A Practical Approach. CRC Press.

Sun，X，Houssin，R；Renaud，J.；Gardoni，M.（2018）Towards a human factors and ergonomics integration framework in the early product design phase：Function–Task–Behaviour，International Journal of Production Research，56：14，4941–4953.

Suryadi，N；Suryana，R；Komaladewi，R.；Sari，D.（2018）. Consumer，Customer and perceived value：past and present. Academy of Strategic Management Journal. Volume 17，Issue 4，2018.

Swallow，E.（2018）. Product Development：How and Why You Should Include Your Customers. Available at：https：//www.weebly.com/inspiration/product–development–include–customers/. Access on June，10th. 2019.

Thimbleby，H.（1991）. Can humans think? The Ergonomics Society Lecture 1991. Ergonomics，34，1269–1287.

Thomas，K. Analysing the Notion of ‘Consumer’ in China's Consumer Protection Law. The Chinese Journal of Comparative Law，Volume 6，Issue 2，December 2018，Pages 294–318.

Tillman，B.；Tillman，P.；Rose，R.R. and Woodson，W.E.（2016）. Human Factors and Ergonomics Design Handbook，3rd. ed. McGraw–Hill Education.

Torrens，G.（2011）. Universal design：emphaty and affinity. In：Karwowski，W.，Soares，M.M.，Stanton，N.A..（Org.）. Human Factors and Ergonomics in Consumer Product Design：Methods and Techniques. Boca Raton：CRC Press，v. 1，p. 233–248.

Tse, D. K. and Wilton, P. (1988). Models of consumer satisfaction formation: an extension. Journal of Marketing Research, May, 204–212.

Tullis, T.; Albert, B. (2013). Measuring the user experience: collecting, analyzing, and presenting usability metrics. Morgan Kauffman.

United Nations Disability Statistics Database (2019). United Nations Statistics Division. Available at https://unstats.un.org/unsd/demographic–social/sconcerns/disability/statistics/#/countries. Access on October, 15th. 2019.

Ulrich, K.T. and Eppinger, S.D. (2019). Product design and development. 7th. Ed. New York, McGraw–Hill.

Vanderheiden, G.C. and Jordan, J.B. (2012). Design for people with functional limitations. In: Salvendy, . G. Handbook of Human Factors and Ergonomics. 4th. ed. John Wiley & Sons. Chapter 51, p. 1409–1441.

Vanderheiden, G.C. (1990). Thirty–something million: should they be exceptions?. Human Factors, 32, 4, 383–396.

Vanderheiden, G.C. and Vanderheiden, K.R. (2019) Accessible Design of Consumer Products: Guidelines for the design of consumer products to increase their accessibility to people with disabilities or who are aging. Trace Research and Development Centre. Available at: https://trace.umd.edu/publications/consumer_product_guidelines. Access on September, 18th. 2019.

Vanlandewijck, Y.C.; Spaepen, A.J. and Theisen, D. (2007). Mobility of the disabled – manual wheelchair propulsion. In: Kumar, S. (ed.). Perspectives in rehabilitation ergonomics. London, Taylor and Francis.

Vincent, C.J.; Li, Yunqiu; Blandford, A. (2014). Integration of human factors and ergonomics during medical device design and development: It's all about communication. Applied Ergonomics. Volume 45, Issue 3, Pages 413–419.

Virzi, R. (1992). Refining the test phase of usability evaluation: how many subjects is enough? Human Factors, 34, p. 457–468.

Xiang, H.; Chany, A–M.; Smith, G.A. (2006). Wheelchair related injuries treated in US emergency departments. Injury Prevention, 12: 8–11.

Wang, G.G. 2002. Definition and Review of Virtual Prototying. Journal of Computing and Information Science in Engineering, 2 (3), 232–241.

Ward, S. (1992). Product design and ergonomics. Ergonomics Australia, 6, 15–18.

Ward, S. (1990). The designer as ergonomist, Ergonomics Design of Products for the Consumer. Proceedings of the 26th. Annual Conference of the Ergonomics Society of Australia. Branch, Kensington, South Australia, Ergonomics Society of Australia, 101–106.

Research Institute for Consumer Affairs（1988）. Aids for people with disabilities: bibliography with summaries of performance studies. London.

Wendel, S.（2014）. Designing for behavior change. O' Reilly Media.

Weiss, E.H.（1991）. How To Write Usable User Documentation. 2nd. ed. Greenwood.

Whalen, J.（2019）. Design for how people think. O' Reilly Media.

Wheelchair Needs In The World（2016）. Wheelchair Foundation. Available at: https://www.wheelchairfoundation.org/programs/from–the–heart–schools–program/materials–and–supplies/analysis–of–wheelchair–need/. Access on June, 10th. 2019.

Wilkoff, W. L. and Abed, L.W.（1994）. Practicing universal design: an interpretation of the ADA. New York, Van Nostrand Reinhold.

Wilson, J.R.（1983）. Pressures and procedures for the design of safer consumer products. Applied Ergonomics, 14, 109–116.

Wilson, J.R. and Sharples, S.（2015）. Evaluation of human work: a practical ergonomics methodology. 4th. ed. London, Taylor & Francis）.

Wilson, J.R. and Kirk, N.S.（1980）. Ergonomics and product liability. Applied Ergonomics, 11, 130–136.

Wilson, J.R. and Rutherford, A.（1989）. Mental models: theory and application in human factors. Human Factors, 31, 617–634.

Wood, D.（1990）. Ergonomists in the design process. Contemporary products shed new light on avenues for interaction between ergonomists and industrial designers. Ergonomics Design of Products for the Consumer. Proceedings of the 26th. Annual Conference of the Ergonomics Society of Australia. Branch, Kensington, South Australia, Ergonomics Society of Australia, 125–132.

Woods, D., Dekker, S., Cook, R., Johannesen, L.（2010）. Behind Human Error. 2nd. ed. Routledge.

Zhu, A., Zedtwitz, M., Assimakopoulos, A, Fernandes, K.（2016）. The impact of organizational culture on Concurrent Engineering, Design–for–Safety, and product safety performance. International Journal of Production Economics, v. 176, p. 69–81.